Cerebro, Naturaleza, Mente, Universo: Hechos interesantes y misterios sin resolver de la ciencia y el cosmos

Actualizado para 2024 con los últimos descubrimientos científicos

Oliver Elliott

Contents

Introducción VI

1. Animales que baten récords 1
   - 1.1 Las criaturas más rápidas
   - 1.2 Visión increíble
   - 1.3 El olfato más agudo
   - 1.4 Mejor audición
   - 1.5 Sentido del tacto más agudo
   - 1.6 Mejor sabor
   - 1.7 Mayor esperanza de vida
   - 1.8 Gigantes y miniaturas
   - 1.9 Adaptaciones sorprendentes
2. Plantas extraordinarias 18
   - 2.1 Las mayores fábricas
   - 2.2 Las plantas más pequeñas
   - 2.3 Las plantas más antiguas
   - 2.4 Las plantas más tóxicas
   - 2.5 Las plantas más resistentes
   - 2.6 Las plantas de crecimiento más rápido
   - 2.7 Las plantas más coloridas
   - 2.8 Las adaptaciones más insólitas
   - 2.9 Cultivos sorprendentes
3. Fenómenos naturales extremos 28
   - 3.1 Los vientos más rápidos
   - 3.2 Los lugares más ventosos

3.3 Las lluvias más intensas
3.4 Las nevadas más intensas
3.5 Los lugares más secos
3.6 Los mayores desiertos
3.7 Las temperaturas más frías
3.8 Las temperaturas más altas
3.9 Los terremotos extremos
3.10 Las cascadas más altas
3.11 Los ríos más largos
3.12 Los océanos más profundos
3.13 Los lagos extremos
3.14 Los mayores volcanes
3.15 Los valles más largos
3.16 Las extraordinarias llanuras
3.17 Las cuencas asombrosas
3.18 Las selvas vitales
3.19 Los rayos más largos
3.20 Las tormentas más frecuentes
3.21 Las mareas más altas
3.22 Las olas más grandes
3.23 Los lugares más peligrosos
3.24 Las rutas naturales de senderismo más largas

4. Misterios y fenómenos naturales inexplicables 47

4.1 El zumbido de Taos: Un sonido que vuelve loca a la gente
4.2 El Triángulo de las Bermudas: Misteriosas desapariciones de barcos y aviones
4.3 Relámpago de bola: Una misteriosa luz flotante
4.4 El acontecimiento de Tunguska: El mayor impacto registrado en la historia
4.5 Luces de Hessdalen: Las luces más misteriosas de la Tierra
4.6 La desaparición del lago Anjikuni: La desaparición sin resolver de un pueblo inuit
4.7 El Mary Celeste: El buque fantasma
4.8 Luces del terremoto de grados: Misteriosas luces que acompañan al temblor

4.9 Los bosques inexplicables

5. El fascinante universo 56

5.1 Las maravillas de la gravedad

5.2 La fascinante naturaleza del tiempo: ¿es una ilusión?

5.3 Los misteriosos agujeros negros

5.4 Materia y energía oscuras: El Universo es mayoritariamente oscuro para nosotros

5.5 El fascinante cielo nocturno: Una mirada más atenta

5.6 Visitantes celestiales: Espectaculares cometas y lluvias de meteoritos

5.7 Entre luces y sombras: Datos curiosos sobre los eclipses solares y lunares

5.8 Visitantes no deseados: Impactos de asteroides que han causado desastres

5.9 Galaxias con señales de radio: ¿Estamos solos en el Universo?

5.10 Migración interestelar: La búsqueda de planetas habitables

5.11 Todo está en movimiento: Nos movemos rápido por el espacio

5.12 Supernova: Fuegos artificiales en el Universo

5.13 Origen y destino del universo: ¿Dónde acabará todo?

6. El cerebro misterioso 78

6.1 Cerebros: Los ordenadores más potentes que hemos conocido

6.2 Cerebros masculinos y femeninos: ¿Tienen sexo los cerebros?

6.3 Capacidades cerebrales extraordinarias: Más poderosas de lo que creemos

6.4 Misteriosas anomalías cerebrales

6.5 Mejora del cerebro con inteligencia artificial (IA): ¿Amigo o enemigo?

7. La mente escurridiza y poderosa 115

7.1 La increíble conexión mente-cuerpo

7.2 La mente inconsciente: Funcionar más allá de la conciencia

7.3 El rompecabezas cuántico de la mente

7.4 Mente y universo: No están separados, sino interconectados

7.5 Mente sobre materia: La ciencia sobre el poder del pensamiento

7.6 La conciencia después de la muerte: ¿Ciencia o fantasía?

8. Observaciones finales 142

9. Mantente conectado 147

Introducción

Hace tiempo que soñaba con escribir este libro, no sólo para compartir las extraordinarias maravillas de la naturaleza y la ciencia, sino también porque el proceso me devuelve la alegría del descubrimiento que sentí en la universidad, inmersa en el mundo de la literatura científica. En el fondo, nacemos sintiendo curiosidad por el universo, y esa curiosidad es uno de nuestros mayores dones. Sin embargo, a medida que la vida nos arrastra hacia la rutina y lo mundano, esta curiosidad natural a menudo se desvanece. Las maravillas de la naturaleza y la ciencia tienen el poder de reavivarla, de recordarnos el fascinante universo en el que vivimos.

El libro se divide en ocho capítulos. Los tres primeros revelan animales, plantas y fenómenos naturales de cualidades extraordinarias. Imagínese un pájaro que se sumerge más rápido que un avión al despegar, una planta que se extiende por un área mayor que Washington D.C. o un volcán tan enorme como Nuevo México, cada uno de ellos testimonio de la asombrosa creatividad de la naturaleza.

Los capítulos 4 y 5 se adentran en los misterios y territorios inexplorados del mundo natural y el cosmos. Desde el Triángulo de las Bermudas, donde innumerables barcos y aviones han desaparecido sin explicación, hasta los agujeros negros que deforman el espacio y el tiempo hasta sus límites, estos capítulos nos recuerdan lo poco que sabemos ante lo inmensamente desconocido.

El capítulo 6 se sumerge en el misterio del cerebro humano. Este extraordinario órgano no sólo es el dispositivo informático más potente que conocemos, capaz de realizar un quintillón (10^18) de cálculos por segundo, sino que también muestra los síntomas más desconcertantes cuando algo va mal. Sensaciones de miembro fantasma, pacientes ciegos que pueden "ver" inconscientemente y lesiones cerebrales que convencen a la gente de que sus seres queridos son impostores: todo esto revela lo mucho que nos queda por comprender sobre nuestro cerebro.

El capítulo 7 lleva la exploración del cerebro un paso más allá: al reino de la mente. Tradicionalmente considerado secundario con respecto al cerebro físico, investigaciones recientes están descubriendo la profunda influencia de la mente. Desde trucos psicológicos para perder peso, aumentar la fuerza, eliminar verrugas e incluso revertir el envejecimiento, hasta prácticas de meditación que reducen los índices de delincuencia, pasando por estudios rigurosos que sugieren que la intención humana puede afectar a la realidad física, estos descubrimientos nos desafían a replantearnos el papel de la mente en la configuración de nuestro mundo.

Finalmente, el último capítulo concluye el libro y reflexiona sobre mi viaje personal y la motivación para escribir este libro.

Este libro es un viaje a las maravillas y los misterios de la naturaleza, la ciencia y el cosmos. Con una mente humilde y un corazón abierto, te invito a que me acompañes en esta aventura.

Chapter 1

Animales que baten récords

1.1 Las criaturas más rápidas

Animales terrestres más rápidos

- El guepardo africano (*Acinonyx jubatus*) es el animal terrestre más rápido, con velocidades de hasta 120 km/h. Puede acelerar de 0 a 96 km/h en menos de tres segundos. Puede acelerar de 0 a 96 km/h en menos de tres segundos, pero sólo puede mantener esa velocidad durante distancias cortas (unos 400 metros) antes de tener que descansar.

- El berrendo (*Antilocapra americana*) es el segundo animal terrestre más veloz y vive en manadas en las praderas y desiertos de Norteamérica. Puede alcanzar velocidades de hasta 89 km/h y mantener una velocidad de 64 km/h durante al menos 11 km. Tiene un sistema respiratorio y cardiovascular de gran tamaño en relación con su corpulencia, lo que le permite correr.

- La gacela saltarina (*Antidorcas marsupialis*), el tercer animal terrestre más rápido, es un antílope de tamaño pequeño a mediano que habita en las sabanas y praderas secas del sur de África. Puede alcanzar una velocidad de 88 km/h y es conocido por su comportamiento de "pronación", que consiste en saltar más de 3 metros en el aire.

Las aves más rápidas (¡y de todos los animales!)

- El halcón peregrino (*Falco peregrinus*) ostenta el récord del animal más rápido del mundo. Puede ver a su presa a una milla de distancia y alcanzar velocidades de hasta 386 km/h (240 mph, ¡más rápido que un avión al despegar!) mientras se sumerge para atacarla. Los halcones peregrinos viven y se reproducen en todos los continentes excepto en la Antártida.

- Las águilas reales (*Aquila chrysaetos*) pueden bucear a velocidades de hasta 320 km/h para cazar pequeños mamíferos, peces, aves y reptiles. Para alcanzar estas velocidades, estilizan su cuerpo replegando las alas y las patas. Las águilas reales viven en regiones montañosas, campo abierto y terrenos escarpados de Norteamérica, Europa, Asia y partes del norte de África.

- El vencejo aguja de garganta blanca (*Hirundapus caudacutus*) es el ave más rápida en vuelo con aleteo, alcanzando velocidades de hasta 170 km/h (105 mph). Estos vencejos atrapan insectos voladores en pleno vuelo con sus anchos picos y emigran de Asia Central y el sur de Siberia a regiones más cálidas como la India, el sudeste asiático y Australia durante el invierno.

Animales marinos más rápidos

- El pez vela (*Istiophorus platypterus*) es el animal marino más veloz y el pez más rápido, nadando a velocidades de hasta 68 mph (109 km/h). Su cuerpo estilizado y su pico alargado minimizan la resistencia al agua, mientras que su aleta dorsal en forma de vela puede aplanarse para agilizar su forma y conseguir un movimiento rápido.

- El pez espada (*Xiphias gladius*) puede alcanzar velocidades de hasta 97 km/h (60 mph). Utiliza su pico en forma de espada para atravesar bancos de peces y aturdir a sus presas. Como cazador oportunista, el pez espada confía en su velocidad para capturar diversos peces y calamares. Contrariamente a la creencia popular, los peces espada adultos no pierden sus escamas; éstas se incrustan profundamente en la piel, lo que les da un aspecto liso y sin escamas.

- El marlín azul (*Makaira nigricans*) es el tercer pez más veloz, con velocidades de 85 km/h (53 mph). Con una constitución poderosa y musculosa, supera fácilmente a presas como peces más pequeños y calamares. Los marlines azules no sólo son rápidos, sino también grandes: alcanzan los 3,6 metros de longitud y pesan hasta 907 kg. Las hembras pueden vivir hasta 27 años.

El insecto más rápido

- Los tábanos son los insectos voladores más rápidos. Un macho de *Hybomitra hinei wrighti*, una especie de tábano de la familia Tabanidae, alcanzó velocidades de hasta 145 km/h mientras perseguía a una hembra.

Humanos frente a animales

- Usain Bolt estableció el récord mundial de 9,58 segundos en los 100 metros lisos en 2009, alcanzando una velocidad máxima de 44,72 km/h. Sin embargo, incluso esta velocidad récord sitúa a los humanos entre los 30 mamíferos terrestres más rápidos. No obstante, los humanos destacamos en carreras de resistencia en comparación con otros animales, gracias a nuestras largas extremidades, postura erguida y capacidad para sudar.

1.2 Visión increíble

- La mejor visión de los mamíferos: Los humanos tienen una visión excepcional entre los mamíferos, con capacidad para ver objetos claramente a distancia. Los ojos humanos tienen una gran percepción de la profundidad y pueden distinguir hasta un millón de colores (¿no es asombroso?). Según la teoría de la detección de serpientes, nuestra avanzada visión evolucionó en parte debido a la necesidad de detectar serpientes venenosas.

- La mejor visión nocturna: Los búhos tienen una extraordinaria visión nocturna gracias a la alta densidad de bastones en sus retinas (casi un millón por milímetro cuadrado), cinco veces más que los humanos. Sus ojos son especialmente grandes en relación con el tamaño de su cuerpo, lo que mejora su capacidad para ver con poca luz y los convierte en los mejores cazadores nocturnos.

- La mejor visión bajo el agua: Los tiburones tienen una excelente visión submarina y pueden ver hasta 10 veces mejor que los humanos bajo el agua. Tienen una densa concentración de bastones retinianos y una capa reflectante llamada tapetum lucidum (en latín, "capa brillante") en los ojos para amplificar la luz en aguas oscuras y turbias.

- El campo de visión más amplio: Los camaleones pueden girar sus ojos de forma independiente para tener un campo de visión de casi 360°: 90° en vertical y 180° en horizontal. Esto les permite observar ampliamente su entorno sin mover la cabeza, lo que es crucial para cazar presas sin ser detectados.

- La mejor visión del color: Las mariposas azuladas tienen al menos 15 tipos de fotorreceptores, frente a los tres de los humanos, lo que las convierte en los animales con mejor visión del color. Sus fotorreceptores pueden detectar un espectro de luz ultravioleta, violeta, azul, azul-verde, verde y roja. Esto les permite detectar colores específicos en entornos complejos, como objetos ocultos en la vegetación.

- La visión más compleja: El camarón mantis tiene el sistema de visión más complejo del reino animal. Con 12 a 16 fotorreceptores en sus ojos compuestos, pueden ver la luz ultravioleta y polarizada y ajustar su sensibilidad a diferentes longitudes de onda. Esto sugiere que sus ojos procesan la información visual antes de que llegue al cerebro.

- La mejor visión del reino animal: Las águilas tienen una agudeza visual de 20/5, cuatro veces superior a la de los humanos. Tienen visión casi panorámica y pueden ver a sus presas hasta a 5 kilómetros de distancia. Perciben mejor los colores y pueden ver la luz ultravioleta. Son los campeones indiscutibles de la vista en el reino animal.

1.3 El olfato más agudo

- Se cree que los osos tienen el mejor sentido del olfato de todos los animales, y algunas estimaciones sugieren que es 2.100 veces mejor que el de un ser humano. Su olfato es tan bueno que es difícil de medir, y las estimaciones de su alcance varían mucho. Por ejemplo, algunos dicen que un oso negro puede oler la comida a más de un kilómetro y medio de distancia, mientras que otros afirman que puede hacerlo a más de tres kilómetros. Se estima que el olfato de los osos polares es aún mejor, hasta 40 millas .[1]

- Los elefantes africanos tienen probablemente el sentido del olfato más potente en cuanto a número de receptores olfativos. Un estudio demostró que tienen unos 2.000 tipos de receptores olfativos, lo que les permite detectar una amplia gama de olores con una precisión increíble[2]. Pueden detectar fuentes de agua hasta a 20 km de distancia y utilizan el olor de otros elefantes para mantener vínculos sociales.

- Los sabuesos son conocidos por su excepcional sentido del olfato, que se calcula que es al menos 1.000 veces más fuerte que el de un ser humano. Tienen unos 230 millones de células olfativas en sus grandes y sensibles membranas olfativas, lo que les permite detectar olores que los humanos no pueden. Los sabuesos pueden seguir un rastro de olor de más de 130 millas o un rastro de más de 12 días de antigüedad. Las fuerzas del orden llevan casi 200 años utilizando el olfato de los sabuesos para localizar a delincuentes y personas desaparecidas. Sus hallazgos pueden utilizarse incluso en los tribunales.

1.4 Mejor audición

- Las palomas tienen una extraordinaria capacidad para oír infrasonidos, que son sonidos con frecuencias muy bajas. Mientras que el rango auditivo humano comienza en torno a los 20 Hz, las palomas pueden detectar sonidos tan bajos como 0,05 Hz. Esta notable capacidad les permite percibir infrasonidos emitidos por tormentas, terremotos y volcanes lejanos. Las palomas pueden utilizar estos sonidos de baja frecuencia como "mapas sonoros" para navegar durante vuelos de larga distancia. Sus excepcionales habilidades de navegación fueron muy valoradas en tiempos de guerra, y recibieron 32 de las 53 medallas PDSA Dickin durante la Segunda Guerra Mundial por su gallardía y devoción al deber .[3]

- La polilla de la cera posee el oído más sensible del mundo de los insectos, a pesar de su sencilla estructura. Con sólo un par de tímpanos y cuatro células receptoras cada uno, puede detectar frecuencias de hasta 300.000 Hz[4] (frente a los 20.000 Hz de los humanos), lo que la convierte en el animal con la mejor audición conocida por la ciencia. Esta audición excepcional permite a la polilla detectar y eludir eficazmente a depredadores como los murciélagos.

- Los lobos poseen una extraordinaria capacidad auditiva, capaz de detectar sonidos a grandes distancias: hasta 9,7 kilómetros en bosques y 16,1 kilómetros en zonas abiertas. Esta audición excepcional es vital para su caza y supervivencia en la naturaleza.

1.5 Sentido del tacto más agudo

- El topo de nariz estrellada (*Condylura cristata*) es famoso por su extraordinario sentido del tacto. Estos topos tienen 22 apéndices nasales móviles, similares a dedos, cubiertos con más de 25.000 receptores sensoriales, lo que les confiere un sentido del tacto seis veces más sensible que una mano humana. Incluso pueden detectar olores bajo el agua exhalando pequeñas burbujas de aire sobre objetos o rastros de olor e inhalando después las burbujas para llevar el olor de vuelta a través de la nariz.

- Las tarántulas son arañas grandes y peludas con un sentido del tacto excepcional. Sus patas y pedipalpos están recubiertos de unos pelos especializados, llamados tricobotrios, que les ayudan a detectar los débiles movimientos del aire. Estos finos pelos pueden detectar movimientos de aire tan sutiles como de 10 millonésimas de milímetro -aproximadamente del tamaño de dos átomos de hidrógeno-, lo que les permite determinar con precisión la ubicación de criaturas cercanas y si son presas potenciales o compañeros.

1.6 Mejor sabor

- El siluro tiene un extraordinario sentido del gusto. Mientras que una persona normal tiene unas 10.000 papilas gustativas, el siluro tiene más de 100.000 (algunos siluros grandes tienen hasta 175.000), que cubren todo su cuerpo, incluidos los bigotes, las aletas y la piel. Estas papilas gustativas son muy sensibles y permiten al siluro detectar la comida a kilómetros de distancia, incluso en aguas turbias. El siluro utiliza sus receptores gustativos para localizar presas e incluso puede determinar la dirección de la que procede un sabor. Este excepcional sentido del gusto es crucial para el siluro, que depende en gran medida de él para cazar y alimentarse. En cambio, los pollos, con sólo 24 papilas gustativas, son los animales que menos tienen.

1.7 Mayor esperanza de vida

Ave más longeva

- El ave más vieja en cautividad confirmada fue una cacatúa rosa llamada Cookie, que vivió 83 años en el zoo Brookfield de Chicago. Aunque algunos afirman que los pájaros han vivido más de 100 años, estas afirmaciones no pueden verificarse debido a la falta de registros precisos de eclosión, especialmente en el caso de las aves silvestres. Además, los aficionados a veces exageran la edad de sus aves. Cookie ostenta el récord Guinness de ave más vieja confirmada.

El animal terrestre más longevo

- Jonathan, una tortuga gigante de Seychelles de 191 años (en agosto de 2024), ostenta el récord Guinness al animal terrestre vivo más viejo. Nacido hacia 1832, Jonathan ha vivido durante los mandatos de 40 presidentes estadounidenses y 31 gobernadores de Santa Elena, su isla natal. A pesar de su avanzada edad y de haber perdido la vista debido a las cataratas, Jonathan se mantiene activo y es alimentado a mano semanalmente para asegurarse de que recibe los nutrientes esenciales. Su extraordinaria longevidad supera con creces la media de 150 años de su especie.

- Adwaita, que significa "único" en sánscrito, era un macho de tortuga gigante de Aldabra que residía en los Jardines Zoológicos Alipore de Calcuta (India). Pesaba 250 kg y se alimentaba a base de salvado de trigo, zanahorias, lechuga, garbanzos remojados y pan. A finales de 2005, una grieta en su caparazón le provocó una infección mortal que le causó un fallo hepático y la muerte el 22 de marzo de 2006. En el momento de su fallecimiento, se cree que Adwaita tenía al menos 255 años. Si esta estimación es correcta, Adwaita ostentaría el título del animal terrestre más longevo jamás registrado.

La vida más larga de los mamíferos

- La ballena de Groenlandia (*Balaena mysticetus*) está considerada el mamífero más longevo, con una esperanza de vida de más de 200 años. Estas ballenas habitan en los océanos Ártico y Subártico y no alcanzan la madurez sexual hasta alrededor de los 25 años. Las puntas de arpón de piedra halladas en algunas ballenas capturadas indican que pueden vivir más de 100 años, y algunos científicos creen que pueden vivir incluso más.

La vida más larga de los vertebrados

- Los tiburones de Groenlandia son los vertebrados más longevos de la Tierra. Gracias a la datación por carbono 14, los científicos han calculado que estos tiburones viven unos 400 años y que las hembras alcanzan la madurez sexual en torno a los

156 años[5] . Su esperanza de vida excepcionalmente larga se debe probablemente a las frías aguas de los océanos Atlántico Norte y Ártico, que ralentizan sus procesos metabólicos y bioquímicos.

Animales más longevos

- Las esponjas de cristal están consideradas entre las criaturas más longevas de la Tierra, y algunos ejemplares viven entre 10.000 y 15.000 años. Se cree que una esponja de cristal del Mar de Ross es el animal vivo más antiguo, y que otra del Mar de China Oriental vivió 11.000 años. Estas esponjas podrían haber estado vivas durante la última glaciación. Son animales, no plantas ni rocas, y tienen esqueletos complejos parecidos al cristal. Viven adheridas a superficies duras, filtrando el agua para alimentarse de bacterias y plancton.

- Medusa inmortal. Los científicos descubrieron la *Turritopsis dohrnii*, conocida como "medusa inmortal", en el Mediterráneo en la década de 1880. Tiene la capacidad única de reiniciar su ciclo vital, volviendo a una fase de desarrollo anterior cuando se enfrenta a daños físicos o amenazas. Aunque diminuta -apenas 4,5 mm de diámetro-, la medusa inmortal es también una especie resistente y cada vez más agresiva, que se propaga por todo el mundo enganchándose a los lastres de los barcos.

Los humanos más longevos

- Aunque la esperanza de vida de los humanos no es impresionante en comparación con la de algunos animales, seguimos teniendo una esperanza de vida decente entre los mamíferos. En agosto de 2024, la mayor longevidad humana verificada era de 122 años y 164 días, en manos de la francesa Jeanne Calment (1875-1997). La mayor longevidad verificada para un hombre es de 116 años y 54 días, en poder de Jiroemon Kimura (1897-2013) de Japón.

- Japón tiene la mayor población de centenarios del mundo, con unas 146.000 personas de 100 años o más. La población centenaria de Japón ha crecido de forma constante en las dos últimas décadas, con una proporción de 7 mujeres centenarias por cada hombre centenario.

1.8 Gigantes y miniaturas

Mamífero más grande

- La ballena azul (*Balaenoptera musculus ssp. intermedia*) es el mamífero más grande del mundo y el animal y vertebrado más grande que ha existido. Las ballenas azules del Antártico pueden llegar a medir 30 metros de largo y pesar hasta 200 toneladas. Tienen corazones del tamaño de un coche pequeño, lenguas del tamaño de un elefante y arterias tan anchas que los humanos podrían nadar a través de ellas. Las ballenas azules son también los animales más ruidosos de la Tierra, con llamadas que pueden alcanzar los 188 decibelios. Durante la época de alimentación, pueden consumir hasta 3,6 toneladas de krill al día.

- El elefante africano (*Loxodonta africana*) está considerado el mamífero terrestre más grande del mundo. Los elefantes africanos machos pueden pesar hasta 6 toneladas (13.300 libras) y medir 4 metros (13 pies) de altura, mientras que las hembras pueden pesar unas 5,4 toneladas (12.000 libras) y medir 4,5 metros (14,7 pies) de altura. El elefante más grande jamás registrado fue abatido en Angola en 1974 y medía 10,7 metros de la trompa a la cola. Los elefantes africanos son originarios del África subsahariana y viven en manadas en las sabanas y los bosques. Son conocidos por sus largas trompas y colmillos, que pueden llegar a medir 2,4 metros de largo y les sirven para buscar comida.

Mamífero más pequeño

- La musaraña etrusca es el mamífero vivo más pequeño en peso: pesa tan sólo 1,5 gramos y mide entre 36 y 52 milímetros. Se encuentra en Asia y el Mediterráneo. Su corazón late hasta 25 veces por segundo, frente a 1,2 veces por segundo en los humanos.

- El mamífero más pequeño por la longitud de su cuerpo es el murciélago nariz de cerdo de Kitti, también conocido como murciélago abejorro. Mide entre 29 y 33 milímetros y tiene el cráneo más pequeño de todos los mamíferos. Pesa entre 1,7 y 2 gramos, aproximadamente lo que pesan dos caramelos Skittles. Vive en cuevas del oeste de Tailandia y Myanmar en colonias de menos de 100 murciélagos.

El animal más alto

- La jirafa (Giraffa camelopardalis) es el animal terrestre más alto del mundo, con una altura de hasta 5,5 metros. Su largo cuello, que puede alcanzar los 1,80 metros, representa casi la mitad de su altura. Sus patas también son más altas que las de la mayoría de los humanos adultos. Las jirafas son originarias de África y viven principalmente en las sabanas, donde las praderas y los árboles les proporcionan la cobertura y el alimento necesarios.

Ave más grande

- El avestruz común (*Struthio camelus*) es el ave viviente más grande del mundo, con 2,8 metros de altura y 156,8 kilogramos de peso. Originario de África, habita en praderas, sabanas y matorrales. Aunque no pueden volar, utilizan sus anchas alas (de hasta 2 metros) como velas para estabilizarse mientras corren. Sus huevos son los más grandes de todas las especies de aves, con una media de 1,4 kilogramos cada uno y equivalentes a 24 huevos de gallina.

El pájaro más pequeño

- El colibrí abeja (Mellisuga helenae) es el ave más pequeña del mundo: mide 57 milímetros de largo y pesa menos de 2 gramos. Es originaria de Cuba y a menudo se confunde con una abeja. La hembra construye nidos en forma de taza con telarañas y musgo, y sus huevos son del tamaño de granos de café. Las alas del colibrí abeja baten 80 veces por segundo durante el vuelo y hasta 200 veces por segundo durante los vuelos de cortejo.

Pez más grande

- El tiburón ballena (*Rhincodon typus*) es el pez más grande del mundo, mide hasta 12 metros de largo y pesa hasta 40 toneladas. A pesar de su gran tamaño y aspecto intimidatorio, es conocido por ser dócil y accesible.

El pez más pequeño

- El pececillo enano vive en los bosques pantanosos de turba del sudeste asiático y está considerado el pez más pequeño del mundo. Las hembras maduras miden entre 7,9 y 10,3 milímetros de largo.

1.9 Adaptaciones sorprendentes

Imitar a los expertos

- El pulpo imitador, descubierto inicialmente en 1998 frente a las costas de Sulawesi (Indonesia), es el campeón de la imitación del reino animal. A diferencia de otros imitadores, que suelen parecerse a una sola especie, este extraordinario pulpo puede imitar el aspecto y el comportamiento de varias criaturas, como medusas, cangrejos, serpientes marinas, gambas y peces león. El pulpo imita al venenoso pez león y a las serpientes marinas para eludir a sus depredadores.

- El zorzal común es probablemente el mejor imitador de Norteamérica en cuanto a sonido, ya que puede entonar hasta 2.000 cantos diferentes. Pertenece a la familia Mimidae y puede imitar sin esfuerzo los cantos de otras aves, como la viuda de Chuck-will, el tordo de madera y el parpadeo norteño.

- Al igual que los thrashers, los sinsontes norteños también pertenecen a la familia Mimidae y son vocalistas versátiles. Pueden producir una amplia gama de sonidos, desde gorjeos y chirridos hasta zumbidos y un característico "masticar". Pueden aprender e imitar hasta 200 sonidos diferentes, incluidas las llamadas de otras aves como la abubilla oriental y las gaviotas, e incluso imitar ruidos producidos por el hombre, como alarmas de coches y puertas chirriantes.

- Los estorninos europeos también son hábiles imitadores, ya que pueden imitar hasta 20 especies distintas de aves, como la codorniz y el avutarda. También pueden imitar los sonidos de motocicletas, teteras, alarmas de coches y teléfonos, e incluso el habla humana. Estos pájaros abundan sobre todo en Europa y son conocidos por su adaptabilidad y su comportamiento a veces agresivo. Todos los estorninos de Norteamérica descienden de 100 pájaros liberados en el Central Park de Nueva York a principios de la década de 1890.

Supervivientes extremos

- Aunque muchos animales se han adaptado a su entorno y han desarrollado excelentes habilidades de supervivencia en condiciones extremas, ninguno es comparable a los tardígrados. Los tardígrados, también conocidos como osos de agua, son criaturas diminutas (0,1-1,2 mm de longitud) que habitan en diversos entornos húmedos, como el musgo, el suelo y el agua. Pueden entrar en un estado de animación suspendida llamado criptobiosis, en el que se deshidratan hasta sólo el 3% de su contenido normal de agua y reducen su metabolismo al 0,01% del nivel normal. En este estado, conocido como "estado tun", pueden soportar condiciones extremas, como radiaciones 1.000 veces superiores a las que pueden soportar los humanos, temperaturas que oscilan entre casi el cero absoluto (-459,67°F o -273,15°C) y 300°F (149°C), el vacío del espacio y presiones seis veces superiores a las que se encuentran en las fosas oceánicas más profundas (15.750 libras por pulgada cuadrada, o 1.071 veces la presión atmosférica a nivel del mar). Son los supervivientes indestructibles del reino animal.

- En comparación, aunque los humanos no pueden sobrevivir en condiciones tan extremas, sí pueden demostrar una resistencia extraordinaria. Wim Hof, conocido como "el hombre de hielo", es un atleta de resistencia holandés famoso por su extraordinaria capacidad para soportar el frío extremo. Ha logrado más de 20 récords mundiales, entre ellos correr un maratón de 26 millas a -20 °C (-4 °F) descalzo y en pantalones cortos, y estableció un récord Guinness al permanecer sumergido en hielo durante 1 hora, 52 minutos y 42 segundos. Además, escaló el monte Kilimanjaro en sólo pantalones cortos y calzado en 48 horas, y nadó 57,5 metros bajo un lago helado. Los logros de Hof van más allá de la resistencia al frío, y completó una media maratón en el desierto de Namibia sin beber agua. El secreto de Hof reside en el método Wim Hof, que utiliza ejercicios de respiración controlada, meditación y concentración mental para activar la respuesta del organismo al estrés. Este proceso libera analgésicos naturales como opioides y cannabinoides, induciendo un estado de euforia que reduce el dolor y las sensaciones de frío. Los estudios de resonancia magnética confirman que su cerebro "hackea" eficazmente los sistemas fisiológicos para suprimir el malestar y mejorar la resistencia .[6]

Mordedores de potencia

- Los cocodrilos de agua salada son los mayores reptiles vivos, miden casi 6 metros de largo y viven entre 60 y 75 años. Tienen la mayor fuerza de mordedura registrada de todos los animales vivos: 3.689 libras por pulgada cuadrada (psi), o 16.414 newtons[7] . Esto equivale al peso de un coche pequeño. Pueden nadar hasta 18 millas por hora, tres veces más rápido que el nadador humano más veloz.

- El caimán americano (*Alligator mississippiensis*) es originario del sureste de Estados

Unidos y puede ejercer una poderosa fuerza de mordedura de 2.961 libras de fuerza, o 13.172 newtons[8] . Ostentaba el récord de fuerza de mordedura más potente desde 2006 hasta que fue superado por el cocodrilo de agua salada en 2012. A pesar de ello, los músculos de su mandíbula son relativamente débiles y un ser humano podría mantenerla cerrada con la mano o con una fuerte goma elástica.

- El marrajo dientuso (*Isurus oxyrinchus*) tiene la mordedura de tiburón más potente jamás registrada, medida con 3.000 libras de fuerza, o 13.000 newtons. La medición procede de un marrajo dientuso cerca de Nueva Zelanda en 2020. Aunque algunos estudios sugieren que el gran tiburón blanco y su pariente prehistórico extinto, el megalodón, tienen una mordedura aún más poderosa, estas afirmaciones no están verificadas por grabaciones vivas. El marrajo puede llegar a medir 3 metros y pesar más de 1.200 kilos. También es uno de los tiburones más rápidos y puede alcanzar velocidades de hasta 45 millas por hora.

- El hipopótamo (*Hippopotamus amphibious*) tiene una fuerza de mordedura de unas 1.800 libras de fuerza (8.100 newtons), más fuerte que la de cualquier otro animal terrestre. Esto es mucho más fuerte que la fuerza de mordedura de un león de 1.000 libras de fuerza (4.450 newtons), la fuerza de mordedura de un oso polar de 1.120 libras de fuerza (5.000 newtons), y la fuerza de mordedura de un jaguar de 1.500 libras de fuerza (6.500 newtons). Los hipopótamos pueden abrir la boca 150° y tienen caninos inferiores triangulares afilados que pueden medir entre 30 y 50 cm de largo. Los hipopótamos son herbívoros, pero pueden ser peligrosos para los humanos si se les molesta.

Nappers de la naturaleza

- En estado salvaje, los grandes murciélagos pardos (*Eptesicus fuscus*) hibernan entre 64 y 66 días, pero un individuo en cautividad lo hizo durante 344 días. Durante la hibernación, su ritmo cardiaco baja de 1.000 a 4-62 latidos por minuto, y pueden respirar sólo una vez cada dos horas. Su temperatura corporal puede descender a unos 5 °C y su metabolismo y consumo de oxígeno se reducen considerablemente. Sin embargo, al despertar de la hibernación, su frecuencia cardiaca puede aumentar de 12 a 800 latidos por minuto en poco tiempo.

- Las ardillas de tierra del Ártico pasan de siete a ocho meses en hibernación. Pueden entrar en un estado de letargo y reducir su temperatura corporal desde unos 37 °C (99 °F) hasta -3 °C (27 °F), es decir, por debajo del punto de congelación. Se trata de la temperatura corporal más baja jamás registrada en un mamífero hibernante. Una temperatura tan baja permite a sus células sobrevivir cuando hay escasez de sangre y oxígeno.

Siempre despierto

- Las mariposas no duermen como los humanos, pero sí descansan en un comportamiento llamado "dormidero". Las mariposas pueden posarse una sola noche o durante todo el invierno. El descanso en grupo ayuda a las mariposas a conservar energía y las protege de los depredadores. Las mariposas descansan cuando hace fresco o está nublado, o por la noche. Como no tienen párpados, descansan con los ojos abiertos, normalmente escondidas en hojas, arbustos o cortezas. Pueden colgarse boca abajo de hojas o ramitas utilizando sus tarsos (patas). Sus sistemas metabólicos se ralentizan considerablemente cuando descansan.

- El sueño de los delfines difiere del de los humanos y otros mamíferos terrestres. Experimentan un sueño unihemisférico de ondas lentas, en el que la mitad del cerebro permanece despierta. El hemisferio activo controla la respiración, el entorno y señala cuándo salir a tomar aire, manteniendo un ojo abierto durante el sueño. Los delfines cambian de hemisferio activo cada dos horas, lo que permite a cada hemisferio dormir unas cuatro horas en un periodo de 24 horas. Para protegerse de los depredadores, los delfines suelen dormir en manadas o con compañeros, turnándose para dormir o descansar cerca unos de otros.

- Los vencejos comunes ostentan el récord mundial de vuelo continuo, permaneciendo en el aire hasta 10 meses al año, mientras que los vencejos alpinos consiguen volar hasta seis meses sin parar. Los vencejos incluso duermen al vuelo alternando breves periodos de descanso durante el vuelo. Por la noche, ascienden a altitudes de hasta 2.000 metros para evitar depredadores y obstáculos, planeando a velocidades de 12,4 millas por hora (20 km/h). Su singular patrón intermitente de batido de alas -cuatro segundos de actividad seguidos de tres segundos de descanso- les permite conservar energía y navegar con seguridad sin aterrizar.

- A diferencia de los animales, los seres humanos suelen necesitar al menos siete horas de sueño para mantenerse alerta y funcionar bien durante el día. Sin embargo, hay excepciones. Daisuke Hori, un hombre de 40 años de Tokio, afirma haber dormido sólo 30 minutos al día durante los últimos 15 años. Esta rutina de sueño mínimo, dice, le permite mantener un estilo de vida muy activo, que incluye trabajar más de 10 horas al día, hacer ejercicio y dedicarse a numerosas aficiones. Atribuye su capacidad para funcionar con tan pocas horas de sueño a años de autoformación y cree que le ha aportado una felicidad y una productividad excepcionales. A pesar de sus afirmaciones, los expertos desaconsejan una privación de sueño tan extrema, ya que la mayoría de la gente necesita entre 7 y 9 horas de sueño para mantener la salud y el bienestar.

- Otro caso sorprendente es el de Paul Kern, un húngaro herido durante la Primera Guerra Mundial en 1915. Una bala impactó en su cabeza y se alojó en el lóbulo frontal. Tras ser operado, se despertó y descubrió que ya no podía dormir. Esta afección le duró 40 años, hasta su muerte en 1955. A pesar de vivir sin dormir, no mostró problemas cognitivos importantes, un fenómeno que desconcertó a los científicos. Las teorías sugieren que la bala podría haber dañado la región de su cerebro que regula el sueño, o que podría haber experimentado breves siestas inadvertidas.

Leyendas venenosas

- La serpiente taipán de interior es conocida por tener el veneno más tóxico de todas las serpientes, y posiblemente de todos los animales, del mundo. Su veneno es una combinación de enzimas y otros factores que pueden paralizar las terminaciones nerviosas, destruir el tejido muscular y provocar hemorragias graves. La DL50 de la taipán de interior es de 0,025 mg/kg, lo que significa que una sola mordedura podría matar a casi 250.000 ratones o a más de 100 humanos adultos. Las serpientes taipán de interior se encuentran en zonas remotas del suroeste de Queensland y el noroeste de Australia Meridional.

- La medusa caja australiana (*Chironex fleckeri*) está considerada el animal marino más venenoso del mundo, y su picadura puede ser letal. Cada medusa tiene unos 60 tentáculos de hasta 3 metros de largo, y cada tentáculo contiene millones de anzuelos microscópicos llenos de veneno. Una sola medusa caja tiene veneno suficiente para matar a más de 60 personas y puede causar la muerte en cuestión de minutos. Su veneno contiene proteínas bioactivas que pueden causar diversos efectos, como dolor extremo, destrucción de tejidos, parálisis, parada cardiaca y muerte.

Pájaros que persiguen tormentas

- Se ha descubierto que el petrel de las Desertas, una pequeña ave marina del Atlántico Norte, persigue ciclones. En un estudio realizado en 2024, los científicos utilizaron GPS para seguir a 33 petreles y descubrieron que casi un tercio de ellos volaban activamente hacia los ciclones cuando se encontraban a unos 900 kilómetros del ojo de la tormenta. Algunas aves siguieron la estela del ciclón durante días, recorriendo miles de kilómetros[9] . Los científicos creen que las aves pueden utilizar los infrasonidos de baja frecuencia producidos por el viento y las olas para detectar ciclones desde lejos. ¿El motivo? Una posible gran recompensa alimenticia. Los investigadores descubrieron que los ciclones agitan las aguas más frías, lo que provoca un aumento del fitoplancton (algas microscópicas que flotan libremente). El fitoplancton atrae entonces a peces y cefalópodos, que son las presas de los petreles. El estudio sugiere que los petreles aprovechan el entorno rico en alimentos creado por los ciclones para alimentarse.

- Las pardelas rayadas, aves marinas que anidan en las islas de Japón, muestran un comportamiento sorprendente y único: volar hacia el ojo de un tifón para sobrevivir. Los investigadores que siguieron a estas aves con GPS durante 11 años descubrieron que, en lugar de evitar las tormentas como otras aves marinas, algunas pardelas rayadas se dirigen hacia el centro del ciclón y vuelan cerca del ojo durante horas. El estudio reveló que 13 de las 75 pardelas rastreadas volaron a menos de 60 kilómetros del ojo[10] . Esta zona, también conocida como la "cuenca del ojo", tiene los vientos más fuertes, que a veces alcanzan los 75 kilómetros por hora. Estas aves permanecieron en esta zona hasta ocho horas, siguiendo el movimiento de la tormenta. Este comportamiento inédito en cualquier especie de ave ayuda a las pardelas a evitar ser arrastradas tierra adentro, donde podrían chocar o ser golpeadas por los escombros. Es más probable que las aves siguieran esta estrategia durante las tormentas más fuertes para evitar ser empujadas hacia masas de tierra peligrosas. Los científicos creen que estas tácticas de vuelo podrían ser más comunes entre las aves de lo que se pensaba.

Notas

1. *Bear Series, Part One: A Bear's Sense of Smell - Yosemite National Park (U.S. National Park Service).* (n.d.). https://www.nps.gov/yose/blogs/bear-series-part-one-a-bears-sense-of-smell.htm

2. Niimura, Y., Matsui, A., & Touhara, K. (2014). Extreme expansion of the olfactory receptor gene repertoire in African elephants and evolutionary dynamics

of orthologous gene groups in 13 placental mammals. *Genome Research, 24*(9), 1485–1496. https://doi.org/10.1101/gr.169532.113

3. Chrisler, T. S., & Quine, D. B. (1980). *Can pigeons "Hear" their way home?* https://watchbird-ojs-tamu.tdl.org/watchbird/index.php/watchbird/article/view/1938

4. Fields, H. (2013). ScienceShot: Wax moth has most sensitive ears in insect world. *Science*. https://doi.org/10.1126/article.26109

5. Nielsen, J., Hedeholm, R. B., Heinemeier, J., Bushnell, P. G., Christiansen, J. S., Olsen, J., Ramsey, C. B., Brill, R. W., Simon, M., Steffensen, K. F., & Steffensen, J. F. (2016). Eye lens radiocarbon reveals centuries of longevity in the Greenland shark (Somniosus microcephalus). *Science, 353*(6300), 702–704. https://doi.org/10.1126/science.aaf1703

6. Learn, J. R. (2018, May 21). Science explains how the Iceman resists extreme cold. *Smithsonian Magazine*. https://www.smithsonianmag.com/science-nature/science-explains-how-iceman-resists-extreme-cold-180969134/

7. Erickson, G. M., Gignac, P. M., Steppan, S. J., Lappin, A. K., Vliet, K. A., Brueggen, J. D., Inouye, B. D., Kledzik, D., & Webb, G. J. W. (2012). Insights into the Ecology and Evolutionary Success of Crocodilians Revealed through Bite-Force and Tooth-Pressure Experimentation. *PLoS ONE, 7*(3), e31781. https://doi.org/10.1371/journal.pone.0031781

8. Erickson, G. M., Lappin, A. K., Parker, T., & Vliet, K. A. (2003). Comparison of bite-force performance between long-term captive and wild American alligators (*Alligator mississippiensis*). *Journal of Zoology, 262*(1), 21–28. https://doi.org/10.1017/s0952836903004400

9. Polidoro, J. (2024, August 6). Why a small seabird dares to fly toward cyclones. *Science News*. https://www.sciencenews.org/article/seabird-fly-toward-cyclones-prey

10. Kreier, F. (2022, October 17). Some seabirds survive typhoons by flying into them. *Science News*. https://www.sciencenews.org/article/seabirds-typhoons-shearwaters-survival

Chapter 2

Plantas extraordinarias

2.1 Las mayores fábricas

- Los científicos descubrieron la planta más grande del mundo en 2022, una pradera marina llamada *Posidonia australis* en Shark Bay, Australia[1] . La planta se extiende a lo largo de 112 millas (180 kilómetros), un área mayor que Washington DC, y se estima que tiene al menos 4.500 años. El tamaño de la planta se debe a su capacidad para clonarse a sí misma, creando vástagos genéticamente idénticos. Este proceso, denominado clonalidad poliploide, permite a los organismos superar a sus predecesores y ocupar nuevos entornos.

- Pando (*Populus tremuloides*), una colonia clonal de álamos temblones en el Bosque Nacional Fishlake de Utah, se considera el mayor organismo vivo en masa. Se calcula que pesa 13,2 millones de libras (unas 6.000 toneladas) y está formado por 47.000 tallos genéticamente idénticos que ocupan 106 acres (unos 80 campos de fútbol americano). Pando pesa entre tres y cinco veces más que las secuoyas más grandes conocidas y aproximadamente tanto como 35 ballenas azules o 1. 000 elefantes. Todos los tallos comparten un sistema de raíces de 80.000 años de antigüedad. Pando se reproduce asexualmente por autorreplicación.

- El Árbol General Sherman (*Sequoiadendron giganteum*) del Bosque Gigante del Parque Nacional de Sequoia es el árbol más grande del mundo por volumen. Mide 84 metros de altura y tiene un tronco de 30 metros de ancho. Se calcula que pesa alrededor de 1.225 toneladas y tiene unos 2.100 años.

- *La Rafflesia arnoldii*, también conocida como flor cadáver, es la flor individual más grande del mundo. Puede llegar a medir un metro y pesar hasta 7 kilos. Emite un olor nauseabundo que recuerda al de la carne en descomposición. La flor es originaria de las selvas tropicales del sudeste asiático, como Indonesia, Malasia, Tailandia y Filipinas. Es una planta parásita que se adhiere a una enredadera huésped para obtener agua y nutrientes. La flor cadáver es una planta rara, en peligro de extinción, que casi nunca se cultiva en jardines botánicos.

2.2 Las plantas más pequeñas

- La harina de agua es la planta con flor más pequeña del mundo y mide apenas 0,004-0,008 pulgadas (0,1-0,2 mm) de diámetro. Pertenece al género Wolffia, un tipo de lenteja de agua. Esta planta de color verde brillante y forma ovalada crece formando matas en la superficie de masas de agua dulce tranquilas como estanques, lagos y pantanos. La harina de agua es rica en proteínas y constituye una excelente fuente de alimento para aves acuáticas y peces. Incluso se utiliza en la cocina tailandesa.

- El sauce enano (*Salix herbacea*), también conocido como sauce de las nieves o sauce menor, suele considerarse el árbol más pequeño del mundo. Alcanza una altura de sólo 1-6 cm. Este diminuto sauce que se agarra al suelo pertenece a la familia de las salicáceas y está bien adaptado para sobrevivir en la tundra ártica y subártica. El sauce enano tiene amentos masculinos y femeninos, pero en plantas separadas. Los amentos femeninos son rojos, mientras que los masculinos son amarillos. Sin embargo, algunos consideran que el sauce enano es un arbusto leñoso más que un árbol, por lo que el título de "árbol más pequeño" es objeto de debate.

2.3 Las plantas más antiguas

- Con una edad estimada de unos 80.000 años, la colonia de álamos temblones de Pando no sólo es una de las plantas más grandes de la Tierra, sino también la planta viva más antigua descubierta hasta ahora.

- Se calcula que el acebo de King (*Lomatia tasmanica*) tiene al menos 43.000 años. Fue descubierto en 1937 por el explorador de Tasmania Denny King, y se cree que se encuentra en algún lugar de las tierras salvajes del sur de Tasmania. El acebo de King sólo se reproduce vegetativamente, lo que significa que crece una nueva planta cuando cae una rama y desarrolla sus propias raíces.

- Matusalén, un pino carrasco de la Gran Cuenca situado en las Montañas Blancas de California, tiene una edad estimada de 4.856 años en agosto de 2024[2] . Es el árbol vivo no clonal más antiguo del mundo. La edad del árbol se determinó contando los anillos de muestras tomadas de su base en 1957. Para protegerlo del vandalismo, el Servicio Forestal de EE.UU. mantiene en secreto su ubicación exacta. El árbol debe su nombre al patriarca bíblico Matusalén, de quien se dice que vivió 969 años.

2.4 Las plantas más tóxicas

La judía más mortífera

- El ricino es un arbusto originario de África y posiblemente la planta más tóxica del mundo. Contiene ricina, una toxina 6.000 veces más venenosa que el cianuro y 12.000 veces más que el veneno de las serpientes de cascabel. Una semilla de ricino puede ser letal para un niño, y tres o más para un adulto. Los síntomas de la intoxicación por ricina son vómitos, dolor abdominal intenso, diarrea y convulsiones. El calor (80°C) inactiva la toxina.

- La judía verde es la semilla del guisante rosario, una enredadera venenosa de hoja perenne originaria de la India y otras zonas tropicales y subtropicales del mundo. Debe su nombre a su aspecto de rosario. Los guisantes rosarios son extremadamente tóxicos porque contienen abrina, una toxina hasta 75 veces más potente que la ricina, el veneno de las semillas de ricino. La abrina inhibe la síntesis de proteínas en las células e induce su muerte. Sin embargo, la intoxicación por alubias jequirity es rara porque las semillas tienen una cáscara dura que impide que la toxina sea digerida en el intestino.

El árbol más mortífero

- La manzanilla (*Hippomane mancinella*) está considerada el árbol más tóxico del mundo. Sus frutos en forma de manzana son la razón de su nombre español, *manzanilla de la* muerte. Todas las partes del árbol son tóxicas, incluida la savia, la corteza y el fruto. El contacto con la savia del árbol puede causar ampollas graves, y la exposición a la savia puede provocar ceguera. Incluso permanecer bajo el árbol durante una tormenta puede causar ampollas si las gotas de lluvia contienen savia.

Comer la fruta puede causar agonía y potencialmente la muerte. La manchinilla es originaria del Caribe, Florida y el norte de Sudamérica.

El hongo más mortífero (que no es una planta)

- La seta de la muerte (*Amanita phalloides*) es la más mortífera del mundo, responsable del 90% de las muertes relacionadas con setas. Esta seta de tamaño mediano a grande tiene un sombrero gris verdoso, branquias blancas, un anillo blanco alrededor del tallo y un gran saco blanco en la base del tallo. Originaria de Eurasia, se introdujo accidentalmente en Norteamérica en la década de 1930. Ahora se encuentra en entornos urbanos y coloniza lentamente la costa oeste. El hongo contiene amatoxinas, que causan daños hepáticos y renales potencialmente mortales. Una sola seta puede contener suficiente veneno para matar a un adulto medio. Los síntomas de intoxicación por esta seta son tensión arterial baja, náuseas y vómitos. No toque nunca esta seta si la encuentra en la naturaleza.

La planta más mortífera de Europa y Norteamérica

- El acónito es una de las plantas más venenosas de Europa. Contiene una neurotoxina llamada aconitina, que puede absorberse a través de la piel y causar envenenamiento por contacto. Tan sólo 2 miligramos de aconitina o 1 gramo de la planta pueden causar la muerte por parálisis respiratoria o insuficiencia cardiaca. Antiguamente, la gente utilizaba la planta en las puntas de las flechas y como cebo para matar lobos (de ahí su nombre). Es originaria de Europa occidental y central, pero existen unas 100 especies de acónito, cinco de las cuales son nativas de Norteamérica.

- La cicuta de agua está considerada la planta más venenosa de Norteamérica. Contiene una toxina llamada cicutoxina, que produce rápidamente síntomas gastrointestinales como náuseas, vómitos y dolor abdominal a los 60 minutos de la ingestión. La toxina también actúa directamente sobre el sistema nervioso central, provocando convulsiones y otros síntomas. La raíz de la planta contiene la mayor concentración de la toxina, e incluso una sola mordedura puede ser letal. La cicuta de agua crece en lugares húmedos y pantanosos y a menudo se confunde con la chirivía silvestre o el apio.

La tentación más mortal

- La belladona contiene unos compuestos llamados atropina y solanina, que pueden ser mortales si se ingieren. Las bayas de la belladona se parecen a los arándanos, por lo que son fáciles de ingerir por accidente. Las bayas de esta planta son especialmente peligrosas porque tienen un sabor dulce pero son mortales. La belladona tiene una larga historia de uso y abuso, como veneno y en cosmética. El nombre de la planta procede de la palabra italiana que significa "mujer bella", porque las mujeres solían aplicarse su jugo en los ojos para dilatar las pupilas. Se dice que tan sólo dos bayas pueden matar a un niño, y entre 10 y 15 a un adulto.

2.5 Las plantas más resistentes

- La Welwitschia mirabilis, también conocida como Welwitschia, es una planta única que ha sobrevivido miles de años en el duro desierto de Namibia. Se calcula que algunas plantas individuales de Welwitschia tienen entre 1.500 y 2.000 años. Se considera un "fósil viviente" y se cree que evolucionó más o menos al mismo tiempo que los dinosaurios. La profunda raíz pivotante de la Welwitschia, que puede extenderse 1,5 metros o más, le ayuda a sobrevivir en el árido desierto absorbiendo el agua de la niebla marina y de las aguas subterráneas profundas.

- Las plantas de la resurrección (*Selaginella lepidophylla*), que se encuentran en el desierto chihuahuense de Estados Unidos y México, son extraordinariamente resistentes. Pueden perder casi toda su agua y permanecer desecadas durante años. Sin embargo, pueden revivir rápidamente en 48 horas con un poco de agua. Las plantas de resurrección acumulan grandes cantidades de sacarosa y trehalosa (dos tipos de azúcares) en sus tejidos, que estabilizan las enzimas y las estructuras celulares en ausencia de agua y evitan los daños provocados por las sales.

2.6 Las plantas de crecimiento más rápido

- El bambú es la planta de crecimiento más rápido del mundo y puede crecer hasta 0,9 metros (2,91 pies) al día, o 38 milímetros (1,5 pulgadas) por hora. Esto equivale a añadir a la altura del bambú el tamaño de un clip cada hora. El bambú sólo crece visiblemente por encima del suelo durante unos 60 días en primavera. Después, las cañas dejan de crecer y la planta redirige su energía a las raíces. El bambú crece rápido debido principalmente a sus tallos huecos y a la rápida expansión de sus células tras la absorción de agua.

- Aunque no es una planta, el kelp gigante (*Macrocystis pyrifera*) es un alga parda extremadamente grande y una de las especies de más rápido crecimiento del océano. Crece a un ritmo medio de 28 cm al día, pero puede llegar a 61 cm al día en condiciones ideales. Puede alcanzar más de 30 metros de longitud en poco más de un año. El alga gigante crece en aguas turbulentas, que le aportan nutrientes.

2.7 Las plantas más coloridas

El árbol más colorido

- El eucalipto arco iris es conocido por sus llamativos colores y dibujos, y está considerado el árbol más colorido del mundo. La corteza del árbol es marrón por naturaleza, pero se desprende en tiras para revelar una corteza interior verde brillante. Cuando la corteza verde se expone al aire, cambia de color con el tiempo, adquiriendo tonalidades púrpuras, azules, naranjas, rojas y amarillas. El árbol se desprende de su corteza en diferentes épocas del año, revelando nuevos colores y patrones cada vez. Por eso, no hay dos eucaliptos arco iris con el mismo diseño. El eucalipto arco iris puede alcanzar los 75 metros de altura. Se introdujo en Hawai en 1929 y se encuentra en varios lugares de las islas.

Las flores más coloridas

- Las flores del ave del paraíso (*Strelitzia reginae*) son conocidas por sus vibrantes colores y su llamativo aspecto. Presentan una gama de colores que incluye el naranja, el rojo, el azul y el amarillo. Las flores tienen dibujos intrincados y se asemejan a una puesta de sol tropical. Su forma también es notable, con pétalos que se abren en abanico como alas y una estructura en forma de pico. Las flores de ave del paraíso son originarias de Sudáfrica. Son plantas de interior muy populares y menos sensibles al frío que otras flores tropicales.

- El loto azul, también conocido como lirio azul sagrado del Nilo, es un nenúfar tropical con flores en forma de estrella que florecen durante el día. Las flores pueden crecer hasta 102-152 milímetros (4-6 pulgadas) de diámetro y tienen pétalos erguidos y puntiagudos que se extienden planos sobre la superficie del agua. La flor de loto azul es conocida por su llamativo color, un vibrante azul cielo con toques de púrpura. Los extremos puntiagudos de los pétalos son de color azul celeste y se vuelven blancos hacia el centro, lo que crea un aspecto resplandeciente. En el antiguo Egipto, el loto azul estaba vinculado al renacimiento y al dios del sol Ra.

2.8 Las adaptaciones más insólitas

- Captura mortal. La Venus atrapamoscas es una planta carnívora con uno de los mecanismos de captura más rápidos del reino vegetal. Atrae a sus presas con un aroma afrutado y el revestimiento rojizo de sus hojas, que tienen unos pelos diminutos llamados tricomas que son sensibles al tacto. Cuando un insecto toca los pelos, las hojas de la planta se cierran en menos de un segundo, atrapando a la presa en su interior. A continuación, la planta segrega enzimas que disuelven el cuerpo de la presa, proporcionándole nutrientes. La trampa vuelve a abrirse al cabo de unos 10 días para esperar su próxima comida.

- Plantas con aspecto de piedra. Los Lithops son pequeñas plantas suculentas originarias de los desiertos del sur de África. Han desarrollado un par de hojas gruesas que se asemejan a guijarros de colores. La planta tiene un tallo corto y sus flores salen de una fisura en la parte superior de las hojas. Su aspecto la protege eficazmente de ser devorada por los animales, y los Lithops son muy difíciles de detectar, incluso para un ojo entrenado. Los Lithops pueden vivir hasta 40 ó 50 años.

- Árbol de la vida. El baobab es una suculenta africana que puede almacenar más de 1.000 galones de agua en su grueso tronco durante la estación lluviosa, lo que le da su aspecto icónico. Su corteza y sus frutos tienen más de 300 aplicaciones vitales. Por ejemplo, sus hojas, ricas en hierro, son comestibles. El fruto es un superalimento con seis veces más vitamina C que las naranjas. El zumo de la fruta puede utilizarse como medicina para calmar el estómago de los niños. De las semillas se obtienen aceites. La corteza se puede convertir en cuerdas y ropa. Además, el árbol es la raíz de muchos remedios, tradiciones y folclore indígenas. Se sabe que el baobab sobrevive tanto a la sequía como al fuego, y el baobab más antiguo tiene más de 2.500 años.

- Picaduras dolorosas. La ortiga es una planta muy utilizada en la fitoterapia occidental. Sus hojas y tallos tienen pequeños pelos huecos de aproximadamente 1 milímetro de largo. Cuando los pelos tocan la piel, sus puntas se rompen e inyectan en ella sustancias químicas como histamina, acetilcolina, serotonina y ácido fórmico. Estas sustancias químicas provocan una reacción cutánea dolorosa inmediata, que puede incluir ardor, picor u hormigueo. La piel también puede enrojecerse y desarrollar una erupción no diseminada. Curiosamente, la ortiga puede disminuir el dolor en zonas doloridas del cuerpo. Los científicos creen que esto se debe a que reduce las sustancias químicas inflamatorias del organismo e interfiere en la transmisión de las señales de dolor.

- No me toques La planta sensible, también conocida como *Mimosa pudica*, reacciona al contacto físico y a la oscuridad con movimientos rápidos y cambios en la orientación de las hojas. Al tocarla o sacudirla, sus hojas se pliegan hacia dentro y sus ramas se inclinan, una reacción conocida como thigmonasty. Se cree que este movimiento es un mecanismo de defensa que asusta a los herbívoros. Las hojas vuelven a abrirse al cabo de unos minutos. La rápida respuesta de la planta al tacto se debe a unas células especializadas situadas en la base de las hojas y los tallos que liberan agua rápidamente.

- El árbol que camina. Existe el rumor de que la palmera que camina, también conocida como *Socratea exorrhiza*, puede recorrer hasta 20 metros al año[3] . El proceso incluye tres pasos: la erosión del suelo, que permite al árbol desarrollar nuevas raíces hacia el sol; el asentamiento de las raíces, en el que las nuevas raíces se asientan en el nuevo suelo y el árbol se inclina hacia ellas; y la eliminación de las raíces viejas, en la que las raíces más antiguas se desintegran y el árbol desplaza su centro de gravedad hacia el nuevo sistema de raíces. Sin embargo, algunos científicos debaten si la palmera andante camina realmente. Estudios más minuciosos ayudarán a determinar la capacidad de caminar del árbol en las selvas de América Central y del Sur.

2.9 Cultivos sorprendentes

- Mortalmente picante. En octubre de 2023, el pimiento más picante del mundo es el Pimiento X, que mide una media de 2,69 millones de Unidades de Calor Scoville (SHU). Es unas 1.000 veces más picante que un jalapeño normal. El anterior poseedor del récord era el Carolina Reaper, con una media de 1,64 millones de SHU. Ambos pimientos fueron desarrollados por Ed Currie mediante cruces. Comer un Pepper X puede provocar ardor de estómago y fuertes calambres abdominales, e incluso tocarlo puede causar un dolor punzante en la piel. En comparación, un pimiento jalapeño tiene entre 2.500 y 5.000 SHU, mientras que un pimiento tailandés tiene entre 50.000 y 100.000 SHU.

- La reina del azúcar. El mango está considerado la fruta más dulce del mundo: un mango (de unos 220 gramos) contiene la friolera de 45 gramos de azúcar. El mango Carabao y el mango Manila de Filipinas, y los supermangos de Egipto, se encuentran entre las variedades más dulces. Este dulzor procede del alto contenido en fructosa del mango. En segundo lugar, una taza de uvas (150 gramos) contiene 23 gramos de azúcar, y una taza de cerezas (140-150 gramos), 18 gramos. Así que ten cuidado con el contenido de azúcar la próxima vez que elijas un tentempié.

- Fabulosamente grasos. El aguacate es la fruta con mayor contenido graso, ya que cerca del 80% de sus calorías proceden de la grasa. Un aguacate mediano suele contener entre 22 y 23 gramos de grasa y unas 250 calorías. La grasa de los aguacates es en su mayor parte monoinsaturada, lo que ayuda a reducir los niveles de colesterol LDL (malo) y el riesgo de cardiopatías y accidentes cerebrovasculares. Los aguacates también son ricos en fibra y contienen muchas vitaminas y minerales.

- Titán de los campos. La hortaliza más pesada jamás registrada (en octubre de 2023) es una calabaza de 1.246,9 kg (2.749 libras) cultivada por Travis Gienger en EE.UU.[4] . Fue presentada en el 50º Safeway World Championship Pumpkin Weigh-Off en Half Moon Bay, California, el 9 de octubre de 2023. Gienger llamó a la calabaza "Michael Jordan" como guiño al legendario jugador de baloncesto. Esta calabaza batió el récord anterior de 1.226 kg (2.702 libras) establecido por Stefano Cutrupi en Italia en 2021. Gienger, profesor de horticultura, es conocido por cultivar calabazas gigantes, incluida una calabaza de 2.560 libras en 2022 que fue tallada en un jack-o'-lantern con temática de águila.

- No se puede vivir sin él. El arroz es uno de los cultivos más importantes del mundo y alimenta a más personas que cualquier otro alimento básico. Es el alimento principal de más de 3.500 millones de personas, sobre todo en Asia, América Latina y partes de África, más de la mitad de la población mundial. El cultivo del arroz comenzó en la antigua India o en el sudeste asiático, y en la actualidad China, India e Indonesia lideran la producción mundial de arroz. Este versátil cereal aporta más del 20% de todas las calorías que consume el ser humano.

- El cultivo más antiguo. El taro está considerado el cultivo más antiguo del mundo. Según una investigación publicada en 2023, su uso se remonta a casi 28.000 años en las Islas Salomón, mucho más antiguo que los 13.000 años de la lenteja[5] . El taro es originario del sudeste asiático y posteriormente se extendió a otras partes del mundo, como Japón, las islas del Pacífico y África. Es un cultivo básico en el

Pacífico, Asia, África Occidental y América, y alimenta a más de 500 millones de personas en todo el mundo.

Notas

1. *The world's largest plant is an Australian seagrass clone*. (2022, June 1). Natural History Museum. https://www.nhm.ac.uk/discover/news/2022/june/worlds-largest-plant-australian-seagrass-clone.html

2. *Methuselah, a Bristlecone Pine is Thought to be the Oldest Living Organism on Earth*. (2011, April 21). USDA. https://www.usda.gov/media/blog/2011/04/21/methuselah-bristlecone-pine-thought-be-oldest-living-organism-earth

3. Gruber, K. (2022, February 25). *Trees that can walk up to 20m per year*. https://www.bbc.com/travel/article/20151207-ecuadors-mysterious-walking-trees

4. *Heaviest pumpkin*. (2023, October 12). Guinness World Records. https://www.guinnessworldrecords.com/world-records/heaviest-pumpkin

5. Ferdaus, M. J., Chukwu-Munsen, E., Foguel, A., & Da Silva, R. C. (2023). Taro roots: an underexploited root crop. *Nutrients*, *15*(15), 3337. https://doi.org/10.3390/nu15153337

Chapter 3

Fenómenos naturales extremos

3.1 Los vientos más rápidos

- La mayor velocidad de viento no de tornado jamás registrada por un anemómetro fue de 408 km/h (253 millas por hora), medida el 10 de abril de 1996 en la isla de Barrow, Australia, durante el ciclón tropical Olivia. La ráfaga fue producida por una circulación a menor escala dentro de la pared ocular de Olivia llamada mesovórtice. Sin embargo, la velocidad del viento más rápida jamás registrada en una estación meteorológica con personal fue de 372 km/h (231 mph), medida en el Observatorio de Mount Washington en New Hampshire el 12 de abril de 1934. El monte Washington también ostenta el récord de mayor velocidad del viento en los hemisferios norte y oeste.
- El tornado más fuerte. El tornado Bridge Creek-Moore de 1999 fue un tornado F5 con vientos que alcanzaron un récord de 321 millas por hora (517 km/h). Fue uno de los 58 tornados que azotaron Oklahoma City el 3 de mayo de 1999, y fue el más destructivo del brote. Fue el primer tornado F5 que azotó el área metropolitana de Oklahoma City. El tornado recorrió durante casi una hora y media una trayectoria de 38 millas, matando al menos a 36 personas e hiriendo a otras 583. Causó daños por valor de 1.000 millones de dólares, equivalentes a unos 1.800 millones de dólares actuales.

3.2 Los lugares más ventosos

- Commonwealth Bay, en la Antártida, es conocida por ser el lugar más ventoso de la Tierra. Es famosa por sus vientos catabáticos, provocados por el aire frío que desciende de la capa de hielo antártica. Con una velocidad media anual de 80 km/h, las rachas en la bahía pueden superar los 240 km/h y prolongarse durante días. La forma de media luna de la bahía canaliza las corrientes de aire, obligándolas a moverse más deprisa. La falta de masa continental que frene el viento contribuye a que la Antártida sea uno de los lugares más ventosos del planeta. Commonwealth Bay también es conocida por ser la base de la Expedición Australasiática a la Antártida.

- Wellington (Nueva Zelanda) está considerada la ciudad más ventosa del mundo. El viento no es excepcionalmente fuerte, con una media de 36,5 km/h durante todo el año, pero se registran rachas superiores a 60 km/h durante 173 días al año. La racha más fuerte jamás registrada en Wellington, en el monte Kaukau, alcanzó las 125 mph (201 kph). La ubicación de Wellington en el estrecho de Cook, entre el océano Pacífico y la isla Sur de Nueva Zelanda, la hace vulnerable a los fuertes vientos. El estrecho de Cook actúa como un túnel de viento, canalizando las brisas oceánicas hacia la ciudad. Wellington recibe el sobrenombre de "Windy Wellington", y en su paseo marítimo hay una estatua llamada "Solace in the Wind", que representa a una persona inclinada hacia la brisa. Gracias a sus fuertes vientos, Wellington aprovecha este recurso natural para generar energía limpia.

3.3 Las lluvias más intensas

- El pueblo de Mawsynram, situado en el estado indio de Meghalaya, ostenta el título del lugar más húmedo de la Tierra, con una precipitación media anual de 467,4 pulgadas (11.872 mm). Esta asombrosa cantidad es diez veces superior a la media nacional de la India, de 42,6 pulgadas (1.083 mm). En 1985, Mawsynram entró en el Guinness de los Récords por la mayor pluviosidad anual jamás documentada, al registrar la alucinante cifra de 26.471 mm (1.042,2 pulgadas) entre 1860 y 1861. Enclavada en las colinas Khasi, Mawsynram debe su extraordinaria pluviosidad al aire cálido y húmedo que llega del golfo de Bengala durante la estación monzónica. En comparación, Cardiff, la ciudad más lluviosa del Reino Unido, sólo recibe una media anual de 1.152 mm de lluvia.

- En Colombia, López de Micay y Lloró registraron precipitaciones anuales estimadas de 12.892,4 mm (507,6 pulgadas) y 12.717 mm (500,7 pulgadas), respectivamente. Sin embargo, estas cifras no son ampliamente reconocidas debido a las lagunas en los registros disponibles.

3.4 Las nevadas más intensas

- Sukayu Onsen, que significa "fuente termal ácida", es uno de los lugares habitados más nevados del mundo. Está situado en la ciudad de Aomori, al norte de la isla principal japonesa de Honshu. Recibe una media anual de 17,6 metros de nieve, la más alta del mundo para una estación oficial. Su récord de nevadas invernales es de 23,7 metros. El 26 de febrero de 2013, Sukayu Onsen registró 5,66 metros (18,57 pies) de nieve, la mayor profundidad de nieve jamás registrada en una estación meteorológica certificada por la JMA. A pesar de las fuertes nevadas, Sukayu Onsen es accesible por carretera durante todo el año y es famoso por sus grandes fuentes termales públicas y su proximidad al esquí. La elevada altitud de la zona, los fríos vientos del norte y el clima continental húmedo contribuyen a sus importantes nevadas.

- Aunque Sukayu Onsen es conocido por su mayor nevada anual, el lugar más nevado en un año fue Paradise, Mount Rainier, Washington. Recibió 31,1 metros (1.224 pulgadas) de nieve desde el 19 de febrero de 1971 hasta el 18 de febrero de 1972, lo que equivale aproximadamente a la altura de un edificio de 10 plantas. También es el récord Guinness de mayor nevada en 12 meses. Mientras tanto, la mayor nevada en un período de 24 horas fue de 100,8 pulgadas (2,56 metros) en Capracotta, Italia, el 5 de marzo de 2015. Asegúrate de no salir de casa en esos días de nieve.

3.5 Los lugares más secos

- Arica (Chile) está considerada la ciudad más seca del mundo, con una precipitación media anual de sólo 0,08 cm en un periodo de 59 años. El desierto de Atacama es aún más árido: en algunas zonas no llueve desde hace más de 500 años. Esta aridez se debe a la ubicación de Atacama en la sombra de la lluvia, donde las montañas bloquean el aire cargado de humedad, permitiendo que sólo el aire seco llegue al desierto.

- Los Valles Secos de McMurdo, en la Antártida, son otro lugar extremadamente seco de la Tierra. Situados a unos 97 kilómetros tierra adentro de la costa occidental del estrecho de McMurdo, no tienen hielo y están cubiertos de roca estéril. Esto se debe a los fuertes y secos vientos catabáticos, con velocidades de hasta 322 km/h, que se llevan la nieve que cae en el fondo del valle. Debido a su bajísima humedad, tanto el desierto de Atacama (Chile) como los valles secos de McMurdo son utilizados por la NASA para probar herramientas y equipos para las misiones a Marte.

3.6 Los mayores desiertos

- Quizá le sorprenda, pero el mayor desierto del mundo no es el Sáhara. La Antártida es el mayor desierto del mundo, con una superficie de 14,2 millones de kilómetros cuadrados. También es el desierto más frío y ventoso de la Tierra y alberga el Polo Sur geográfico. La Antártida se considera un desierto porque recibe muy pocas precipitaciones, ya que algunas zonas reciben menos de 51 milímetros (2 pulgadas) al año. Los desiertos se definen por las escasas cantidades de lluvia y nieve, que dan lugar a poca agua líquida en el suelo, más que por las temperaturas cálidas y las dunas de arena. De hecho, los Valles Secos de McMurdo, en la Antártida, son uno de los lugares más secos de la Tierra. A pesar de sus duras condiciones, la Antártida alberga una gran variedad de vida salvaje, como pingüinos, focas y orcas.

- El desierto polar ártico es el segundo desierto más grande de la Tierra, después de la Antártida. Este vasto y frío desierto polar abarca 5,4 millones de millas cuadradas (13,9 millones de kilómetros cuadrados) e incluye las regiones más septentrionales del planeta, cubriendo principalmente partes de Canadá, Groenlandia y Rusia. Se caracteriza por temperaturas extremadamente bajas, precipitaciones mínimas y un paisaje desprovisto de agua líquida. El Ártico presenta grandes capas de hielo, permafrost y un entorno duro y ventoso. A pesar de las difíciles condiciones, alberga diversas especies adaptadas, como osos polares, morsas y aves como el charrán ártico y el fulmar boreal.

- El desierto del Sahara es el mayor desierto cálido del mundo y el tercero en extensión, después de la Antártida y el Ártico. Tiene una superficie de 9,3 millones de kilómetros cuadrados, comparable a la de China. El Sáhara es el desierto más caluroso del mundo, con una temperatura media anual de 30°C (86°F) y un récord de 58°C (136°F). Las precipitaciones son mínimas, con menos de 25,4 milímetros anuales en muchas zonas. A pesar de las duras condiciones, el Sáhara alberga una flora diversa, como cactus, palmeras datileras y plantas espinosas adaptadas para minimizar la pérdida de humedad. También alberga cientos de especies animales, como escarabajos peloteros, escarabajos escarabajo, escorpiones y diversas hormigas. El Sáhara tiene una rica historia, con siglos de ocupación humana. En esta región surgieron civilizaciones notables como el Antiguo Egipto y Cartago. Debido a su paisaje único, el Sáhara ha servido de lugar de rodaje para la saga de La Guerra de las Galaxias.

3.7 Las temperaturas más frías

- Yakutsk (Rusia) será la ciudad más fría del mundo en 2023. Capital de la República de Sajá, en Siberia oriental, Yakutsk registró una temperatura mínima de -64,4 °C (-83,9 °F) el 5 de febrero de 1891. Enero suele ser el mes más frío, con una media de -42°C (-43,6°F). Esta ciudad de 355.000 habitantes está construida sobre permafrost (una capa de suelo helado que incluye tierra, grava y arena), y muchas casas están construidas sobre pilotes de hormigón. A pesar de sus gélidos inviernos, los veranos de Yakutsk son sorprendentemente calurosos, con una temperatura media de 26 °C en julio, más cálida que la de Londres.

- Oymyakon es un remoto pueblo de la República Rusa de Sajá situado entre dos valles. Se le conoce como el lugar habitado más frío de la Tierra, con una temperatura media en invierno de unos -50 °C (-58 °F). En 1924, la temperatura cayó en picado hasta unos escalofriantes -71,2ºC. El pueblo está formado por casas de madera construidas sobre cimientos hundidos en el permafrost. Los residentes dejan sus coches en marcha para evitar que no vuelvan a arrancar con el frío extremo. Oymyakon llegó a tener 2.500 habitantes, pero en 2018 se redujo a menos de 900.

- El lugar más frío de la Tierra es la Meseta Antártica Oriental, donde las temperaturas pueden descender hasta -98 °C (-144 °F). Situada en el centro del continente, la meseta alberga el Polo Sur geográfico. Los científicos utilizaron sensores de satélite para registrar esta temperatura extrema el 10 de agosto de 2010. Los cielos despejados y el aire extremadamente seco de la región contribuyen a estas condiciones gélidas.

3.8 Las temperaturas más altas

- Dallol (Etiopía) está considerado el lugar habitado más caluroso de la Tierra, con una temperatura media anual de 34,4 °C (93,9 °F). Sin embargo, las temperaturas diurnas pueden superar los 120°F (49°C). Situado en la Depresión del Danakil, el ambiente extremo de Dallol es el resultado de una combinación de calor intenso, condiciones áridas y baja altitud.

- La temperatura más alta jamás registrada en la Tierra fue de 56,7°C (134,1°F) en el rancho Furnace Creek del Valle de la Muerte, California, el 10 de julio de 1913. En 2024, el Valle de la Muerte vivió el verano más caluroso jamás registrado, con una temperatura media en 24 horas de 40,3 °C (104,5 °F) entre junio y agosto. Esto batió el récord anterior de 40,1 °C (104,2 °F) establecido en 2018 y 2021.

- El desierto de Lut, en Irán, ostenta el récord de temperatura superficial más alta de la Tierra. En 2005, un satélite midió la temperatura de la superficie del suelo en el desierto de Lut en 70,7°C (159,3°F). En 2021, un satélite registró temperaturas de hasta 81°C (177°F) en el desierto. El desierto de Lut está situado en una cuenca rodeada de montañas en el sureste de Irán. Su ubicación contribuye a su extrema sequedad, que lo hace inhóspito para la mayoría de las formas de vida. Sin embargo, el desierto de Lut alberga una gran variedad de animales resistentes, como zorros de Rüppell, gatos de arena, serpientes flecha y escorpiones dorados.

3.9 Los terremotos extremos

- El terremoto más profundo jamás registrado fue una réplica menor del terremoto de Ogasawara de 2015, que se produjo a una profundidad de 751 kilómetros (467 millas) bajo la superficie de la Tierra. Este seísmo fue tan profundo que se originó en el manto inferior, una región donde los sismólogos creían anteriormente que los terremotos eran imposibles. El terremoto de Ogasawara de 2015 fue de magnitud 7,9 y sacudió las islas Bonin, frente a la costa continental de Japón. La réplica, demasiado pequeña para sentirse en la superficie, solo fue detectada por la red Hi-net de estaciones sísmicas de Japón.

- El terremoto más fuerte jamás registrado fue el de magnitud 9,5 que se produjo en Chile el 22 de mayo de 1960. El seísmo se produjo en una zona de subducción en la que la Placa del Pacífico se desplazó bajo la Placa Sudamericana. El seísmo provocó tsunamis en todo el Océano Pacífico, que afectaron a Hawai, Japón, Filipinas, el este de Nueva Zelanda, el sureste de Australia y las islas Aleutianas. En Hilo, Hawai, a más de 10.000 kilómetros (6.200 millas) del epicentro, se registraron olas de tsunami de hasta 35 pies (10,7 metros). El terremoto de Chile de 1960 condujo al desarrollo de un sistema mundial de alerta de tsunamis.

- El terremoto de Tohoku de magnitud 9,0 de 2011, también conocido como el Gran Terremoto de Sendai, fue el más potente que ha sacudido Japón. Es probablemente el terremoto de mayor impacto, ya que desplazó la isla principal de Japón unos 2,4 metros (8 pies) y desplazó el eje de la Tierra unos 17 centímetros (6,5 pulgadas). El resultado fue un acortamiento de 1,8 microsegundos en la duración del día.

- El terremoto y tsunami de Tohoku de 2011 también se considera el terremoto más caro de la historia, con unos costes estimados que alcanzan los 360.000 millones de dólares. El seísmo destruyó más de 123.000 casas y dañó casi un millón más. También dañó gravemente los generadores de reserva de la central nuclear de Fukushima Daiichi, lo que provocó un accidente nuclear que liberó material radiactivo a la atmósfera y al océano.

- Algunas personas pueden creer que el terremoto del Océano Índico de 2004, que se cobró la vida de 227.898 personas, fue el terremoto más mortífero, pero no fue así. El seísmo más mortífero de la historia fue el de Shaanxi, en el centro de China, en 1556, que causó la muerte de unas 830.000 personas. El seísmo sacudió una región donde la mayoría de la gente vivía en yaodongs, cuevas artificiales excavadas en roca blanda, que se derrumbaron durante el seísmo. El segundo terremoto más mortífero fue el de Tangshan, en 1976. El seísmo, de magnitud 7,6, sacudió la ciudad a las 3:42 de la madrugada del 28 de julio de 1976, cuando la mayoría de la gente dormía. Se calcula que 255.000 personas murieron en este terremoto, pero algunos expertos creen que el número de víctimas puede haber llegado a 655.000.

3.10 Las cascadas más altas

- El Salto Ángel, situado en el Parque Nacional de Canaima (Venezuela), suele considerarse la catarata más alta del mundo. Con una altura de 979 metros y una caída ininterrumpida de 807 metros, es una maravilla natural que corta la respiración. Las cataratas comprenden la caída principal, una cascada inclinada y una caída río abajo. Debe su nombre al aventurero estadounidense James Angel, que en 1937 estrelló su avioneta en una meseta cercana. Algunos sostienen que para medir la altura de una cascada sólo debe tenerse en cuenta la caída ininterrumpida de 2.648 pies. Si se utiliza esta medida, las cataratas de Tugela, en Sudáfrica, serían las más altas del mundo.

- Las cataratas del Tugela, en Sudáfrica, tienen una altura de 948 metros, lo que las convierte en las segundas más altas del mundo y las más altas de África. Comprende cinco saltos distintos, y la sección más alta mide 411 metros. Las cataratas se encuentran en el Parque Nacional Real de Natal, en las montañas Drakensberg, y su cima está a casi 3.048 metros sobre el nivel del mar. El nombre Tugela procede de la palabra zulú "thukela", que significa "algo que sobresalta". Si la altura total del Salto Ángel se considera sólo como su caída inicial de 807 metros (2.648 pies), el Salto Tugela sería la catarata más alta del mundo.

- Sin embargo, ni el Salto Ángel ni el Salto Tugela se acercan a la catarata del Estrecho de Dinamarca, un salto de agua submarino en el océano Atlántico entre Groenlandia e Islandia. Es la catarata más alta de todas, con una caída de más de 3.505 metros desde el Mar de Groenlandia hasta el Mar de Irminger. Transporta unos 175 millones de pies cúbicos (5 millones de metros cúbicos) de agua por segundo, lo que equivale a casi 2.000 cataratas del Niágara en su caudal máximo. Este desbordamiento submarino se forma por la diferencia de densidad entre las masas de agua a ambos lados del estrecho de Dinamarca.

3.11 Los ríos más largos

- El río Amazonas, considerado anteriormente el segundo río más largo después del Nilo, es reconocido ahora como el río más largo del mundo. Con una longitud mínima de 6.853 kilómetros, el Amazonas no sólo es el más largo, sino también el más caudaloso, ya que transporta cuatro veces más agua que cualquier otro río. Representa entre el 15% y el 16% de la descarga fluvial total del mundo en los océanos, bombeando 200.000 litros de agua dulce al océano cada segundo. El río Amazonas está rodeado por la selva amazónica, que es la mayor del mundo y alberga millones de especies. Sin embargo, el Amazonas se enfrenta a muchas amenazas, como la deforestación, el desarrollo de infraestructuras mal planificadas y el cambio climático.

- El río Nilo tiene unos 6.650 kilómetros de longitud y fluye desde África central hasta el mar Mediterráneo. Tiene tres afluentes principales: el Nilo Blanco, el Nilo Azul y el Atbara. La cuenca de drenaje del Nilo cubre aproximadamente el 10% de África y ha sustentado la agricultura durante miles de años. El Nilo era una importante ruta comercial para los antiguos egipcios, que lo utilizaban para transportar mercancías como oro, marfil y especias. El Nilo está rodeado de numerosos lugares y monumentos históricos, como las pirámides de Giza, el templo de Luxor y el Valle de los Reyes.

3.12 Los océanos más profundos

- La parte más profunda del océano es la Fosa de las Marianas, situada en el Pacífico occidental, cerca de las Islas Marianas. La parte más profunda de la fosa se denomina Abismo Challenger y tiene una profundidad de 10.984 metros (36.037 pies), mayor que la altura del Monte Everest. La presión en el fondo de la Fosa de las Marianas es de 1.086 bares, o 15.750 libras por pulgada cuadrada (psi), lo que equivale al peso de 100 elefantes adultos de pie sobre tu cabeza. A pesar de este duro entorno, la fosa alberga formas de vida sorprendentemente diversas, como el crustáceo de aguas profundas Hirondellea gigas. En 2012, James Cameron hizo historia al convertirse en la primera persona en completar una inmersión submarina en solitario en las profundidades de Challenger.

- La Fosa de Puerto Rico es la parte más profunda del océano Atlántico. Situada a unas 75 millas al norte de Puerto Rico, la fosa alcanza una profundidad máxima de 28.373 pies (8.648 metros). Se formó hace más de 70 millones de años cuando la Placa Norteamericana se deslizó bajo la Placa Caribeña. Esta zona geológicamente activa plantea riesgos de terremotos y tsunamis, pero también alberga una variada vida marina, incluida una población reproductora de ballenas jorobadas y otras especies como rorcuales boreales, rorcuales boreales, rorcuales comunes y rorcuales aliblancos.

3.13 Los lagos extremos

- El Mar Caspio, situado entre Europa y Asia, es la mayor masa de agua interior del mundo. Limita con Rusia, Azerbaiyán, Kazajstán, Turkmenistán e Irán y tiene una superficie aproximada de 386.400 kilómetros cuadrados, mayor que la de Japón. El mar Caspio tiene una longitud de casi 1.200 kilómetros y una anchura media de 320 kilómetros. Su profundidad varía considerablemente: las partes menos profundas del norte tienen una profundidad media de 4 a 6 metros, mientras que las regiones meridionales alcanzan los 1.024 metros. Aunque salado, el Mar Caspio sólo tiene un tercio de la salinidad media del agua de mar. Está alimentado por los ríos Volga, Ural y Terek desde el norte y alberga un ecosistema diverso de peces, moluscos y otros organismos, incluidas especies procedentes tanto del Ártico como del Mediterráneo.

- El Lago Superior es el mayor lago de agua dulce del mundo por superficie, con 82.103 kilómetros cuadrados (31.700 millas cuadradas). También es el tercer lago más grande del mundo por volumen, con cerca del 10% del agua dulce superficial del planeta. Con una profundidad máxima de 406 metros, el Lago Superior es el más profundo de los Grandes Lagos. También es el más frío de los Grandes Lagos, con una temperatura media del agua de 4,4 °C (40 °F). El Lago Superior es el hábitat de diversas especies, como mamíferos, aves, anfibios y peces.

- El lago Baikal, situado en el sur de Siberia (Rusia), es el más profundo del mundo, con una profundidad máxima de 1.642 metros. También es el mayor lago de agua dulce del mundo por volumen, ya que contiene entre el 20 y el 23% del agua dulce no congelada de la superficie terrestre. El lago Baikal es el lago de agua dulce más antiguo del mundo, con una edad estimada de 20-25 millones de años. Tiene una longitud de 636 kilómetros (395 millas) y una anchura de 79 kilómetros (49 millas), con una superficie de 31.722 kilómetros cuadrados (12.248 millas cuadradas). En comparación, el lago del Cráter, en Oregón, es el más profundo de Estados Unidos, con 592 metros de profundidad. El Lago del Cráter está situado dentro del Parque Nacional del Lago del Cráter y es conocido por sus montañas, picos y bosques de hoja perenne.

3.14 Los mayores volcanes

- ¿Sigues pensando en el supervolcán de Yellowstone? Hay uno mucho mayor. El Macizo de Tamu es un enorme volcán submarino y el mayor de la Tierra. Situado a unos 1.609 kilómetros al este de Japón, en el océano Pacífico, forma parte de la cordillera submarina de Shatsky Rise, que se formó hace unos 145 millones de años. El macizo de Tamu ocupa una superficie de 310.799 kilómetros cuadrados, aproximadamente el tamaño de Nuevo México. Su punto más alto se encuentra a unos 1.981 metros (6.500 pies) por debajo de la superficie del océano, y su base se extiende hasta unos 6,4 kilómetros (4 millas) de profundidad. El macizo de Tamu tiene la mitad de tamaño que el monte Olimpo de Marte, el mayor volcán del sistema solar, visible desde la Tierra en las noches despejadas.

- El Mauna Loa es el volcán activo más grande de la Tierra, con una superficie de 5.271 kilómetros cuadrados y la mitad de la isla de Hawai. Su cima alcanza los 4.170 metros sobre el nivel del mar, pero sus flancos submarinos descienden otros 5.000

metros hasta el fondo del océano. Esto hace que el Mauna Loa tenga una altura de más de 17.000 metros desde la base hasta la cima, ¡tan enorme que su peso dobla el fondo del océano bajo él! El Mauna Loa ha entrado en erupción 33 veces desde 1843. Su erupción más reciente se produjo entre el 27 de noviembre y el 13 de diciembre de 2022.

- Sin embargo, los gigantescos volcanes mencionados no son los peores causantes de problemas. La erupción volcánica más mortífera de la historia fue la del monte Tambora, en Indonesia, los días 10 y 11 de abril de 1815, que mató a unas 92.000 personas. La erupción mató directamente a unas 10.000 personas, y otras 82.000 murieron de hambre y enfermedades causadas por los depósitos de ceniza de la erupción. La potente erupción expulsó 50 kilómetros cúbicos (13,2 billones de galones) de magma y se oyó a más de 1.931 kilómetros (1.200 millas) de distancia, en la isla de Sumatra. La erupción dejó una caldera colapsada de 6 por 7 kilómetros (3,7 por 4,3 millas) de ancho y 1.000 metros (3.281 pies) de profundidad en lugar del cono cimero del volcán. Está clasificada como 7 en el Índice de Explosividad Volcánica (VEI), y es la segunda clasificación más alta y considerada "supercolosal".

3.15 Los valles más largos

- El Gran Valle del Rift es el valle de fisura más largo de la superficie terrestre, con una extensión de más de 6.400 kilómetros desde Jordania hasta Mozambique, en África Oriental. Este valle en forma de Y está formado por un sistema de valles interconectados, como el de África Oriental, el del Mar Rojo y el del Golfo de Adén. Tiene una profundidad media de 600-900 metros (2.000-3.000 pies), aunque en algunos lugares alcanza los 2.700 metros (9.000 pies), como en la escarpa de Mau, en Kenia. El Gran Valle del Rift sigue activo, ensanchándose y profundizándose lentamente. Alberga numerosos lagos, volcanes, desiertos, llanuras y escarpes que sirven de hábitat a una fauna diversa, como aves, leones, leopardos, elefantes, rinocerontes, búfalos, guepardos, jirafas, antílopes, cebras y primates.

- El valle del río Misuri es el valle fluvial más largo de Norteamérica. Nace en la cordillera Bitterroot de las Montañas Rocosas, en el suroeste de Montana, y fluye hacia el este y el sur a lo largo de 3.767 km antes de unirse al río Misisipi al norte de San Luis (Misuri). El valle, que incluye las llanuras aluviales y los fondos fluviales del río, drena una sexta parte de Estados Unidos. El río Misuri, a menudo llamado "Big Muddy" por su gran carga de sedimentos, contribuye a la riqueza del suelo aluvial a lo largo del valle. Fue una vía crucial para la expansión hacia el oeste de Estados Unidos y ha sido una arteria vital para el transporte, la alimentación, el comercio y la exploración para millones de personas a lo largo de miles de años.

- Sin embargo, los dos valles ni siquiera están cerca de la Dorsal Mesoatlántica (DMA), una enorme cadena montañosa submarina que se extiende unos 16.000 kilómetros. Esta cordillera volcánica se curva desde el Océano Ártico hasta cerca del extremo sur de África. La parte meridional del SAM separa la Placa Africana de la Placa Sudamericana. El SAM es un lugar de propagación del fondo marino, donde el magma del manto asciende al fondo marino, se enfría y se aleja de la dorsal. Este proceso es responsable del ensanchamiento del Océano Atlántico a un ritmo de entre 1 y 10 cm al año.

3.16 Las extraordinarias llanuras

- La llanura de Siberia Occidental, en el centro de Rusia, es la mayor llanura del mundo, con una extensión aproximada de 3,1 millones de kilómetros cuadrados. Está considerada la mayor llanura ininterrumpida del mundo, con más de la mitad de su superficie a menos de 100 metros sobre el nivel del mar. Limita al oeste con los Urales, al este con el río Yenisey, al norte con el mar de Kara y al sur con la meseta de Torghay, las tierras altas kazajas y los montes Altai. Drenada por los ríos Ob, Irtysh y Yenisey y sus afluentes, la llanura abarca biomas de tundra, bosque y estepa, con bosques de un verde intenso, estanques y lagunas de color negro azulado y permafrost. La llanura de Siberia Occidental experimenta una diferencia de temperatura estacional de hasta 70 °C (158 °F) o más. En verano, las temperaturas pueden alcanzar los 30°C (86°F), mientras que en invierno pueden descender hasta los -45°C (-49°F).

- La meseta tibetana, también conocida como meseta Qinghai-Tíbet o meseta Qing-Zang, es la meseta más grande y alta del mundo. Abarca más de 2,5 millones de kilómetros cuadrados (0,97 millones de millas cuadradas), aproximadamente cinco veces el tamaño de California. Está situada en Asia Central y se extiende por el Tíbet, China y la India. La meseta tibetana tiene una altitud media de 4.500 metros sobre el nivel del mar y se conoce como "el techo del mundo". La meseta está rodeada de altas cadenas montañosas, como el Himalaya, y alberga las dos cumbres más altas del mundo, el Everest y el K2. La meseta tibetana se formó hace unos 55 millones de años debido a la colisión de las placas tectónicas india y euroasiática, y la formación duró millones de años. Este proceso continuo sigue empujando la tierra hacia arriba. La meseta tibetana es conocida por sus duros y fríos inviernos y sus bajos niveles de oxígeno. Las temperaturas pueden descender hasta -40°F (-40°C) en invierno, y el aire a esta altitud contiene sólo un 60% del oxígeno que se encuentra a nivel del mar.

3.17 Las cuencas asombrosas

- El Pacífico es la cuenca oceánica más grande y profunda de la Tierra. Abarca más de 155 millones de kilómetros cuadrados, es decir, más del 30% de la superficie del planeta. Contiene más de la mitad del agua libre del mundo y es tan extenso que todos los continentes del mundo podrían caber en su interior. El océano Pacífico es también la cuenca más antigua, ya que se calcula que algunas de sus rocas tienen 200 millones de años. El Pacífico es conocido como el "Anillo de Fuego" debido a la intensa actividad volcánica y sísmica de la región, donde la Placa del Pacífico se encuentra con muchas otras placas tectónicas. Esta región alberga el 75% de los volcanes del mundo y el 90% de los terremotos. El Pacífico alberga la vida marina más diversa de todos los océanos: lechos de algas, arrecifes de coral, ballenas, tortugas marinas y muchas especies de peces.

- La mayor cuenca fluvial del mundo es la del Amazonas, que abarca 6,2 millones de kilómetros cuadrados (2,4 millones de millas cuadradas). Está situada en el norte de Sudamérica y ocupa casi el 40% del continente. La cuenca del Amazonas vierte más del doble de agua que las cuatro siguientes cuencas fluviales más grandes del mundo juntas. La cuenca del Amazonas alberga aproximadamente un tercio de las especies conocidas del mundo, incluidas 40.000 especies de plantas y 3.000 especies de peces de agua dulce. También alberga a más de 400 grupos indígenas que hablan unas 300 lenguas autóctonas.

- La mayor cuenca hidrográfica de Estados Unidos es la del río Misisipi/Atchafalaya (MARB), la tercera del mundo después de las del Amazonas y el Congo. El río Misisipi drena una superficie de unos 3,2 millones de kilómetros cuadrados, que cubre el 41% de los Estados Unidos contiguos (incluidas partes de 31 estados de EE UU) y el 15% de Norteamérica. El río Misisipi alberga más de 325 especies de aves y el 25% de todas las especies de peces de Norteamérica. La cuenca alberga muchos animales, entre ellos especies en peligro de extinción como la pantera de Florida y el halcón peregrino. La cuenca actúa como aliviadero de inundaciones, ralentizando el caudal del río Misisipi y protegiendo a las comunidades de las mareas de tempestad.

3.18 Las selvas vitales

- La selva amazónica es el mayor bosque tropical del mundo, con una extensión de 6,7 millones de kilómetros cuadrados (2,59 millones de millas cuadradas), lo que equivale aproximadamente al 70% de la superficie continental de Estados Unidos y al doble de la India. La selva amazónica se extiende por nueve países sudamericanos, entre ellos Brasil, Perú y Colombia, y el 60% se encuentra en Brasil. La selva amazónica alberga al menos el 10% de la biodiversidad mundial conocida, incluidas más de 1.800 especies de aves y muchas especies amenazadas como jaguares, águilas arpías, delfines rosados de río y miles de aves y mariposas. La Amazonia ayuda a estabilizar el clima eliminando anualmente 1.200 millones de toneladas métricas de carbono de la atmósfera, y se calcula que sus bosques y suelos almacenan entre 150.000 y 200.000 millones de toneladas de carbono. El espeso dosel del Amazonas bloquea la luz solar, haciendo que el suelo del bosque sea casi negro en muchas partes. Cuando llueve, el agua puede tardar hasta 10 minutos en llegar al suelo.

- La selva tropical del Congo tiene una extensión de 3,1 millones de kilómetros cuadrados, lo que la convierte en la segunda selva tropical más grande del mundo, aproximadamente del tamaño de la India. Está situada en el África ecuatorial occidental y abarca seis países: Camerún, República Centroafricana, República Democrática del Congo, República del Congo, Guinea Ecuatorial y Gabón. La selva tropical del Congo alberga una enorme biodiversidad, con más de 10.000 especies vegetales y 10.000 especies animales. Es hábitat de especies amenazadas como gorilas, elefantes y búfalos, y fuente de plantas utilizadas en medicina tradicional, como la quina y la rauwolfia. La selva del Congo es un ecosistema vital, a veces llamado el "pulmón de África" y el "segundo pulmón de la Tierra". La cuenca del Congo absorbe anualmente casi 1.500 millones de toneladas de dióxido de carbono, lo que la convierte en el mayor sumidero de carbono del mundo, absorbiendo más carbono que el Amazonas. Sin embargo, está amenazada por la deforestación, y en 2022 se perderán medio millón de hectáreas.

3.19 Los rayos más largos

- El rayo más largo jamás registrado tuvo una longitud de 477 millas y se extendió desde Texas hasta Mississippi el 29 de abril de 2020. El rayo fue captado por los satélites de la NOAA y certificado por la Organización Meteorológica Mundial (OMM). Esto rompió el récord anterior de 440,6 millas establecido en 2018 sobre el sur de Brasil. Aunque los rayos suelen medir entre 3 y 5 kilómetros de largo, algunos pueden extenderse a lo largo de cientos de kilómetros. El especialista en rayos Ron Holle señala que estos relámpagos excepcionalmente grandes y de larga duración no son sucesos aislados, sino que ocurren durante tormentas activas.

- El rayo de mayor duración duró 17,2 segundos y se produjo el 18 de junio de 2020 sobre la frontera entre Argentina y Uruguay. El rayo fue registrado por un equipo de detección de rayos en satélites en órbita terrestre. Los mega relámpagos son rayos enormes que pueden durar más de 10 segundos y desplazarse cientos de kilómetros. Están asociados a sistemas convectivos de mesoescala (SCM), que son agrupaciones de tormentas eléctricas que pueden abarcar varios estados.

3.20 Las tormentas más frecuentes

- La tormenta eléctrica del Catatumbo, en Venezuela, es el fenómeno de rayos más intenso del mundo. Los relámpagos se producen entre 140 y 160 noches al año, y a veces hasta 300, con destellos de 16 a 40 veces por minuto. La densidad de rayos es la más alta del mundo, con 250 destellos por kilómetro cuadrado. Los relámpagos se producen sobre la desembocadura del río Catatumbo, que desemboca en el lago de Maracaibo. La causa es una combinación de aire caliente procedente del mar Caribe y aire frío de la cordillera de los Andes. El nombre Catatumbo procede de la lengua bari y significa "Casa del Trueno". Los pescadores locales pueden ser alcanzados por un rayo si están en sus barcos. Según las noticias locales, tres o cuatro personas mueren al año en la capital mundial del rayo.

- El pueblo de Kifuka, en la República Democrática del Congo (RDC), recibe 158 rayos por kilómetro cuadrado al año, lo que lo convierte en el segundo lugar del mundo con mayor frecuencia de rayos. Kifuka se encuentra en las montañas del Congo, a unos 1.700 metros de altitud. Su alta densidad de rayos se debe a que el aire cálido del Atlántico choca con el aire frío de la montaña, generando cargas estáticas que dan lugar a los relámpagos. Los rayos son más intensos de octubre a marzo y menos de junio a agosto.

3.21 Las mareas más altas

- La bahía de Fundy, en Canadá, tiene las mareas más altas del mundo, con una amplitud máxima de 52 pies (16 metros) y una amplitud media de 38,4 pies (11,7 metros). Esto supera con creces el rango medio de marea de 3,3 pies (1 metro) en todo el mundo. Las mareas de la bahía de Fundy son tan potentes que, en un ciclo de 12 horas, entran y salen de la bahía unos 100.000 millones de toneladas de agua. Esto es más que el caudal combinado de todos los ríos del mundo durante el mismo periodo. La forma única de la bahía y su resonancia, o seiche, son responsables de sus mareas extremas. Las mareas varían en función de las posiciones del sol y la luna, así como de las condiciones atmosféricas. La bahía de Ungava, en Canadá, tiene una marea de 9,8 metros (32 pies), la segunda más alta del mundo, y el canal de Bristol, en Inglaterra y Gales, tiene una marea de 9,6 metros (31,5 pies), la tercera más alta.

3.22 Las olas más grandes

- La ola de Lituya Bay (Alaska) en 1958 fue el mayor tsunami registrado en el mundo, con una altura máxima de 524 metros. Fue provocado por un corrimiento de tierras desencadenado por un terremoto de magnitud 7,7 en la falla de Fairweather, en el sureste de Alaska. El impacto de la ola fue devastador, arrasando árboles hasta una altura de 1.719 pies (524 metros) y arrasando alrededor de 2 millas cuadradas (5,2 kilómetros cuadrados) de bosque. Este tsunami causó daños a mayor altura que cualquier otro registrado, partiendo árboles y arrasando casi toda la vegetación. Cinco personas perdieron la vida. La bahía de Lituya también es conocida por sus grandes mareas, con un rango de unos 9,8 pies (3 metros), y su entrada se considera peligrosa para la navegación, especialmente cuando corren las corrientes de la marea.

3.23 Los lugares más peligrosos

- La Isla de las Serpientes, también conocida como Ilha da Queimada Grande, es una pequeña isla frente a la costa de Brasil que alberga miles de víboras doradas venenosas. Es tan peligrosa que sólo la marina brasileña y los científicos con permisos especiales pueden visitarla. Los investigadores calculan que en la Isla de las Serpientes viven entre 2.000 y 4.000 víboras lanceoladas doradas, con una densidad aproximada de una a cinco serpientes por metro cuadrado. La víbora lanceolada dorada es una de las serpientes más venenosas del mundo, responsable del 90% de las muertes por mordedura de serpiente en Brasil. Su veneno es de acción rápida y puede causar insuficiencia renal, hemorragias internas y muerte tisular. Las serpientes quedaron atrapadas en la isla hace unos 11.000 años, cuando el aumento del nivel del océano la desconectó del continente. Aunque es increíblemente peligroso, el veneno de la lanceta dorada ha demostrado ser prometedor en el tratamiento de enfermedades cardiacas, problemas circulatorios y coágulos sanguíneos. La isla también es un objetivo para los contrabandistas de vida salvaje, conocidos como biopiratas, que capturan y venden ilegalmente las serpientes.

- La isla de Fraser, también conocida como K'gari en Australia, está considerada una de las playas más peligrosas del mundo. Alberga una gran variedad de fauna peligrosa, como dingos, tiburones y serpientes venenosas. Los dingos pueden ser imprevisibles y peligrosos si se les acerca o provoca. En las aguas poco profundas cercanas a la costa se pueden encontrar tiburones blancos y tiburones toro. El océano que rodea la isla de Fraser sufre frecuentes corrientes de resaca, que pueden ser peligrosas incluso para nadadores experimentados. Además, la isla de Fraser es muy remota, sin socorristas patrullando las playas ni instalaciones médicas disponibles en caso de accidente. Sin embargo, la isla cuenta con más de 40 lagos y calas donde nadar se considera seguro.

- La costa más peligrosa. La Costa de los Esqueletos de Namibia es una región remota e inhóspita con naufragios, corrientes traicioneras y tiburones. Es el mayor cementerio de barcos del mundo y alberga miles de naufragios provocados por la densa niebla, las corrientes impredecibles, los bancos de arena poco profundos y el oleaje agitado. La Costa de los Esqueletos también alberga 11 especies de tiburones, lo que la convierte en la tercera zona más infestada de tiburones del mundo. Conocida por sus peligrosas condiciones, el pueblo san la bautizó como "La tierra que Dios hizo con ira". Su lejanía e inaccesibilidad se suman a su dureza, con la parte norte de la costa cerrada a los visitantes normales.

- La playa más infestada de tiburones. Conocida como la "capital mundial del ataque de tiburones", Florida tiene el mayor índice de ataques de tiburones del mundo. New Smyrna Beach, en el condado de Volusia (Florida), es la playa con más ataques de tiburones de Estados Unidos, con 303 ataques no provocados desde 1882. El Archivo Internacional de Ataques de Tiburón (ISAF) informó de 259 mordeduras de tiburón no mortales en el estado entre 2012 y 2021. De estas mordeduras, 32 ataques se produjeron en New Smyrna Beach. Según un estudio de Travel Lens, esta cifra duplica la de cualquier otra playa estadounidense.

- El desierto más tóxico. El desierto de Danakil, en África Oriental, es conocido como la "Puerta del Infierno" por sus emisiones de gases altamente tóxicos. El desierto contiene volcanes y géiseres activos que liberan gases tóxicos, incluidas cantidades significativas de dióxido de azufre, vapor de cloro y otros gases volcánicos. Estos gases son muy peligrosos de inhalar sin la protección adecuada; las personas que visitan la zona a menudo necesitan llevar máscaras antigás. De hecho, los gases tóxicos pueden incluso ser mortales para las aves que intentan detenerse a beber agua. Además de los gases tóxicos, la zona experimenta temperaturas extremadamente altas, que la hacen casi insoportable para los humanos. El agua salada que llega a la superficie puede alcanzar los 212°F (100°C). El desierto se extiende por Etiopía, Eritrea y Yibuti, y también está salpicado de fuentes termales extremadamente ácidas y salinas que liberan vapores tóxicos adicionales.

- La Falla de Anatolia Septentrional (NAF) de Turquía se considera la región con mayor riesgo de terremotos mortales. La NAF se extiende 1.500 kilómetros desde la Falla de Anatolia Oriental, en el este de Turquía, hasta el mar Egeo y separa la placa euroasiática de la placa de Anatolia. Pasa a 20 kilómetros de Estambul, la ciudad más poblada de Turquía, con 12,8 millones de habitantes. El NAF ha sido escenario de algunos de los terremotos más destructivos de la historia, como el de Erzincan de magnitud 7,9 en 1939, que mató a más de 32.000 personas, y el de Golcuk-Kocaeli de magnitud 7,6 en 1999, que causó más de 17.000 muertos. El terremoto de 2023, que causó más de 55.000 víctimas mortales, se produjo en la Falla de Anatolia Oriental. Los científicos estiman que la región de Estambul-Marmara tiene un 62% de probabilidades de sufrir un terremoto de magnitud 7,0 o superior.

3.24 Las rutas naturales de senderismo más largas

- El Trans Canada Trail es el sendero multiusos más largo del mundo y conecta los océanos Atlántico, Pacífico y Ártico a través de Canadá. Abarca 28.000 kilómetros y se extiende de costa a costa. Ofrece una amplia gama de actividades, como senderismo, ciclismo, remo, equitación, esquí de fondo y motos de nieve. El sendero atraviesa paisajes diversos, como zonas urbanas, rurales y silvestres, y conecta 15.000 comunidades de todo Canadá. Utilizado por más de 2,6 millones de personas cada año para practicar una actividad física, el sendero contribuye a la salud física y mental. Recorrer el sendero entero lleva unos 26 meses.

- El Great Western Loop (GWL) es un sendero de 11.064 kilómetros que destaca por su longitud, diversidad y dificultad. Es el sendero continuo más largo de Estados Unidos y el segundo más largo del mundo. Abarca desiertos, montañas, llanuras, excursiones y rutas sin senderos. El GWL atraviesa 12 Parques Nacionales y más de 75 espacios naturales, conectando cinco senderos de larga distancia ya existentes: el Pacific Crest Trail, el Pacific Northwest Trail, el Continental Divide Trail, el Grand Enchantment Trail y el Arizona Trail. Debido a la exigente naturaleza de esta ruta, el tiempo es crucial en cada tramo. Ryan Jordan y Andrew Skurka crearon la GWL y completaron la travesía inaugural en 2007. El logro de Skurka le valió el premio al Aventurero del Año de National Geographic. Recorrer la GWL entera lleva aproximadamente un año.

- El American Discovery Trail (ADT) es el primer y único sendero no motorizado de costa a costa de Estados Unidos. Se divide en dos rutas en el Medio Oeste. La ruta norte, que pasa por Chicago, recorre 7.780 km, mientras que la ruta sur, que pasa por San Luis, recorre 8.138 km. En conjunto, el ADT tendría una longitud aproximada de 6.800 millas, lo que lo convertiría en el tercer sendero más largo del mundo y el segundo de Estados Unidos. El ADT conecta con muchos otros senderos, como el Appalachian Trail, el Pacific Crest Trail y otros 50 senderos históricos y paisajísticos nacionales. Atraviesa terrenos diversos, como ciudades, pueblos, bosques, montañas y desiertos. El ADT está aún en fase de desarrollo, y el objetivo final es crear un sendero completamente fuera de la carretera. Recorrer a pie todo el ADT lleva aproximadamente un año.

Chapter 4

Misterios y fenómenos naturales inexplicables

4.1 El zumbido de Taos: Un sonido que vuelve loca a la gente

- El zumbido de Taos es un sonido misterioso que los habitantes de Taos, Nuevo México, llevan oyendo desde principios de la década de 1990. Las personas que oyen el zumbido de Taos lo describen de varias maneras, como un ruido sordo o un zumbido similar al de un motor diesel al ralentí, un silbido o zumbido débil similar al de una cigarra o un zumbido o zumbido. Algunos también lo describen como un ruido pulsante, un zumbido similar al de un transformador, un zumbido similar al de un avión de hélice y un ruido de traqueteo similar al de un barco pesquero. Algunos dicen que el sonido es más fuerte en interiores, especialmente por la noche, y que parece venir de ninguna parte. Otros dicen que el sonido no cambia de tono y que sólo se oye en entornos silenciosos. El zumbido se asocia a mareos, dolores de cabeza, náuseas, hemorragias nasales y diarrea.

- El origen del zumbido de Taos sigue siendo desconocido. Los científicos han propuesto muchas teorías, pero ninguna de ellas puede explicar plenamente el zumbido. Algunos lo atribuyen a acúfenos u otros efectos auditivos biológicos. Otros creen que el zumbido se debe a la actividad sísmica o a las pruebas militares estadounidenses en las cercanías. Otra teoría es que el zumbido puede tener su origen en fuentes mecánicas locales, como plantas industriales. Algunos creen que el zumbido es una forma de enfermedad psicógena masiva, también conocida como histeria colectiva. Las leyendas locales atribuyen el zumbido a fuentes más siniestras, como hippies drogados, experimentos secretos de control mental del gobierno o bases subterráneas de ovnis. Un grupo de expertos de la Universidad de Nuevo México, el Laboratorio Nacional de Los Álamos, el Laboratorio de la Fuerza Aérea Philips y los Laboratorios Nacionales Sandia investigaron el zumbido de Taos en 1993, pero sus conclusiones no fueron concluyentes.

4.2 El Triángulo de las Bermudas: Misteriosas desapariciones de barcos y aviones

- El Triángulo de las Bermudas es una región vagamente definida, aproximadamente triangular, en el océano Atlántico Norte occidental. Sus límites exactos no son universalmente aceptados, pero en general se cree que está delimitado por la costa sureste de EE.UU., las Bermudas y las islas de las Antillas Mayores. La zona es conocida por la misteriosa desaparición de barcos y aviones. Algunos aviones y barcos famosos que han desaparecido en el Triángulo de las Bermudas son:

- La desaparición del Vuelo 19. El 5 de diciembre de 1945, cinco bombarderos torpederos TBM Avenger de la US Navy con 14 tripulantes despegaron de la Estación Aérea Naval de Fort Lauderdale, Florida, para realizar un vuelo de entrenamiento a las Bahamas. La misión del vuelo era practicar bombardeos sobre un barco hundido. Tras completar los bombardeos, las brújulas fallaron y la tripulación perdió la orientación. La flota pasó las siguientes 3,5 horas buscando la costa antes de que se perdiera el contacto. Inmediatamente se envió un hidroavión Martin PBM Mariner en busca del vuelo desaparecido, pero también desapareció junto con sus 13 tripulantes. El informe oficial de la Marina concluyó que el líder del vuelo, el teniente Charles C. Taylor, confundió unas pequeñas islas con los Cayos de Florida después de que sus brújulas fallaran. La causa del mal funcionamiento de la brújula sigue siendo desconocida.

- La desaparición del USS Cyclops. El USS Cyclops era un buque de la Primera Guerra Mundial y el mayor de la Armada en aquella época. Este gigantesco buque transportaba 306 tripulantes y pasajeros, junto con una pesada carga de mineral de manganeso. Desapareció el 3 de marzo de 1918, mientras viajaba de Barbados a Baltimore. Se esperaba que llegara a Baltimore el 13 de marzo de 1918, pero nunca llegó a su destino. Su última ubicación conocida fue Barbados, y desapareció sin dejar rastro, con su último mensaje conocido diciendo "Weather Fair, All Well". El buque no envió ningún mensaje de socorro antes de desaparecer, lo que indica que no se encontraba en peligro, y nunca se recibió ninguna otra comunicación. Nunca se encontraron los restos del Cyclops y el 1 de junio de 1918, el Subsecretario de Marina Franklin D. Roosevelt declaró el barco perdido con todos sus tripulantes fallecidos. Algunos afirman que un ataque alemán con submarinos o raiders hundió el barco, pero las autoridades alemanas de la época negaron tener conocimiento de ello. Otros sospechan que el responsable fue el Triángulo de las Bermudas, fallos estructurales debidos a la pesada carga del barco o una explosión inexplicable. El destino del Cyclops y la causa de su hundimiento siguen siendo un completo misterio.

- La desaparición del Witchcraft. El 22 de diciembre de 1967, un crucero con camarote de 23 pies llamado *Witchcraft* desapareció misteriosamente frente a las costas de Florida. Su propietario, Daniel S. Burack, magnate hotelero y experimentado navegante, había invitado al reverendo Padraig Horgan a acompañarle en un breve crucero para contemplar las luces navideñas de la costa de Florida. Hacia las 9 de la noche, Burack envió una señal de socorro informando de que el *Witchcraft* había chocado con algo bajo el agua, pero no corría peligro inmediato de hundirse. Los guardacostas acudieron en 19 minutos a la última posición de la embarcación, cerca de la boya nº 7 del puerto de Miami, pero la embarcación, Burack y Horgan habían desaparecido. A pesar de una extensa búsqueda que abarcó 24.500 millas cuadradas, incluidas zonas del Triángulo de las Bermudas, nunca se encontró rastro del barco ni de sus pasajeros. El *Witchcraft* estaba equipado con dispositivos de flotación que deberían haber evitado que se hundiera, lo que aumentó el misterio de su desaparición. Este suceso sigue sin resolverse décadas después. Algunos teorizan que los responsables de la desaparición del barco fueron vórtices que succionan objetos hacia otras dimensiones, flatulencias oceánicas o interrupciones en las líneas de flujo geomagnético, mientras que otros afirman que extraterrestres se llevaron el barco a una dimensión diferente del espacio. La causa exacta de la desaparición del Witchcraft sigue siendo un misterio.

- Sin embargo, a pesar de estos incidentes bien conocidos, otras personas creen que la conexión entre el Triángulo de las Bermudas y las desapariciones misteriosas es una leyenda urbana. La gente navega por la zona todos los días sin incidentes, y no hay pruebas de que las desapariciones misteriosas ocurran allí con más frecuencia que en otras zonas muy transitadas del océano. ¿Cuál es su opinión?

4.3 Relámpago de bola: Una misteriosa luz flotante

- El rayo en bola es un fenómeno natural raro, misterioso y poco conocido. Suele describirse como una bola luminosa que flota sobre el suelo o se desplaza erráticamente, dejando a veces estelas de humo. Los relámpagos de bola suelen durar sólo unos segundos y a menudo van acompañados de un siseo y un olor característico. Miles de personas, entre ellas campesinos de la Edad Media y el zar Nicolás II, lo han registrado e incluso se sabe que ha causado daños por quemadura o fusión. Algunos casos famosos de rayos en bola son:

- Muerte de Georg Richmann Georg Wilhelm Richmann, físico alemán del Báltico, murió el 6 de agosto de 1753 a causa de un rayo de bola mientras realizaba un experimento eléctrico. Intentaba medir la respuesta de una varilla aislada a una tormenta cercana. Durante la tormenta, una bola de rayo saltó de la varilla e impactó en la frente de Richmann, matándole al instante. El incidente también provocó una explosión que dejó fuera de combate el grabador de Richmann, partió el marco de la puerta y la arrancó de sus goznes. Se cree que la muerte de Richmann fue la primera víctima mortal registrada de un rayo de bola y el primer caso conocido de alguien que muere mientras realiza experimentos eléctricos.

- Un día de junio de 1841, a las seis de la tarde (hora local), Lorenzo Butti, pintor marino de la emperatriz de Austria, se alarmó por unas llamadas aterrorizadas procedentes de la Corsa dei Servi (calle central, actual Corso Vittorio Emanuele II), en el centro de Milán (Italia). Había una fuerte tormenta, y Butti se asomó a la ventana y vio a la gente corriendo bajo la lluvia, huyendo de una bola de rayos de color amarillo rojizo. Voló a la altura del segundo piso, subió más y luego se estrelló contra la cruz de la torre de una iglesia y explotó. Butti escribió sobre su experiencia al físico Arago.

- En la década de 1960, la tripulación de un avión de carga C-133A que volaba entre California y Hawai fue testigo de un relámpago en forma de bola. Fue precedido por un resplandor de fuego de San Elmo, una descarga eléctrica causada por la electricidad estática del movimiento del avión en el aire. El rayo en bola se formó sobre el separador metálico central entre los cristales de la ventanilla del piloto y flotó lentamente hacia la cabina. Luego giró a la izquierda hacia la puerta de la sala de la tripulación antes de girar a la derecha hacia el asiento del Jefe de Carga. Los cinco miembros de la tripulación presenciaron el suceso y confirmaron haber visto lo mismo. El maquinista y el jefe de carga registraron el avión pero no encontraron daños. El vuelo se desarrolló en una capa de nubes parecida a la niebla, sin turbulencias. No se vieron relámpagos fuera del avión y el radar no mostraba nubes.

- Los científicos aún no han logrado recrear el rayo en bola en condiciones de laboratorio. Algunas de las teorías predominantes son la hipótesis del silicio, según la cual, cuando un rayo cae sobre un suelo rico en silicio, se produce una reacción química que da lugar a una bola brillante. Otra teoría es la del máser-solitón, según la cual un máser atmosférico, un fenómeno similar a un láser pero que funciona a un nivel de energía mucho más bajo, es el causante de los relámpagos de bola en exteriores. La causa exacta de los relámpagos de bola sigue siendo un misterio.

4.4 El acontecimiento de Tunguska: El mayor impacto registrado en la historia

- El 30 de junio de 1908 se produjo una enorme explosión en Siberia, Rusia. Se calcula que la explosión fue equivalente a 10-40 megatones de TNT, es decir, miles de veces más potente que la bomba atómica de Hiroshima. La explosión se produjo en la taiga siberiana oriental, cerca del río Podkamennaya Tunguska, y arrasó unos 80 millones de árboles en 2.150 kilómetros cuadrados de bosque. Generó una potente onda de choque que se escuchó hasta a 620 millas (1.000 kilómetros) de distancia y registró ondas sísmicas tan lejos como Inglaterra. Además, la explosión creó un resplandor brillante que iluminó el cielo de Siberia y partes de Europa. Testigos presenciales declararon haber visto una luz cegadora, haber oído un ruido atronador y haber sentido un calor intenso que les quemaba la piel. Los únicos restos del objeto destrozado eran unos pocos fragmentos diminutos, cada uno de los cuales medía menos de un milímetro. La causa de la explosión sigue siendo desconocida y hay pocas pruebas de su origen. La teoría más extendida apunta a un asteroide o un cometa; sin embargo, no se han encontrado cráteres ni restos de meteoritos. Los científicos creen que el objeto explotó a una altitud de entre 5 y 10 kilómetros en la atmósfera, provocando un estallido de aire.

- El 15 de febrero de 2013, un meteorito explotó sobre Cheliábinsk (Rusia), proporcionando a los investigadores nuevos datos sobre el suceso de Tunguska de 1908. Utilizando modelos informáticos modernos, imágenes de vídeo y mapas de daños, los científicos determinaron que el meteorito de Cheliábinsk era un asteroide pétreo del tamaño de un edificio de cinco plantas. Se rompió a 24 kilómetros del suelo, generando una onda expansiva equivalente a una explosión de 550 kilotones. Esta explosión rompió un millón de ventanas e hirió a más de mil personas, pero no fue lo suficientemente potente como para derribar árboles o edificios. Los científicos estiman que este tipo de impactos se producen aproximadamente cada 10 a 100 años. El suceso de Cheliábinsk nos ayuda a comprender lo que pudo ocurrir el día de la explosión de Tunguska.

4.5 Luces de Hessdalen: Las luces más misteriosas de la Tierra

- Las luces de Hessdalen son un fenómeno del que se tiene constancia en el valle de Hessdalen al menos desde la década de 1930. Las luces pueden aparecer en varios colores, como blanco, amarillo y rojo. Pueden aparecer tanto por encima como por debajo del horizonte, y pueden flotar a través y por encima del valle. Las luces pueden aparecer desde unos pocos segundos hasta más de una hora, y pueden moverse a distintas velocidades, desde extremadamente rápido a un lento movimiento de vaivén. También pueden flotar en el aire. La actividad fue especialmente alta entre 1981 y 1984, con avistamientos entre 15 y 20 veces por semana. Desde entonces, el número de avistamientos ha disminuido. Se han iniciado varios proyectos para investigar las luces, entre ellos el "Proyecto Hessdalen" y el "Proyecto Triángulo". En 1998 se creó la Estación Automática de Medición de Hessdalen (Hessdalen AMS) para registrar las luces.

- A pesar de las investigaciones de los científicos, el origen de las misteriosas luces sigue siendo desconocido. Un estudio reciente sugiere que el fenómeno podría atribuirse a la combustión del polvo en suspensión procedente de las actividades mineras de la zona, ya que Hessdalen cuenta con grandes yacimientos de escandio. El análisis identificó hidrógeno, oxígeno y otros elementos, entre ellos titanio, en el interior de las luces. Sin embargo, aún no se conoce con exactitud el mecanismo que subyace a este fenómeno.

4.6 La desaparición del lago Anjikuni: La desaparición sin resolver de un pueblo inuit

- En un frío día de noviembre de 1930, el cazador de pieles Joe Labelle llegó a un poblado inuit cerca del lago Anjikuni, en Manitoba (Canadá), esperando una cálida bienvenida como visitante habitual. Sin embargo, encontró el poblado desierto, con tiendas aún en pie, comida cocinándose en el fuego y objetos personales, como ropa sin terminar, que sugerían una partida precipitada. Para aumentar el misterio, una tumba recién cavada parecía haber sido removida y varios perros de trineo aparecieron muertos. A pesar de las búsquedas de la Policía Montada del Noroeste, no se encontraron cadáveres ni pruebas del paradero de los aldeanos. Además, a pesar de la repentina desaparición, el equipo de búsqueda no encontró signos de lucha o violencia en el pueblo. Sin embargo, los miembros de la Real Policía Montada de Canadá (RCMP) declararon haber visto luces pulsantes en el cielo sobre el lago Anjikuni durante su búsqueda, lo que llevó a los entusiastas de los ovnis a proponer que los aldeanos podrían haber sido abducidos por extraterrestres. La historia recibió una gran atención después de que el periodista Emmett E. Kelleher informara de ella en el periódico Danville Bee, y más tarde apareció en libros como "Stranger than Science", de Frank Edwards. Algunas personas acusaron a Kelleher de embellecer los detalles y, debido a la falta de pruebas, la RCMP desestimó el caso en 1931.

4.7 El Mary Celeste: El buque fantasma

- El Mary Celeste fue un barco canadiense registrado en Estados Unidos que apareció abandonado en el Atlántico en 1872. El destino de su tripulación de 10 personas desaparecidas sigue siendo uno de los misterios marítimos más perdurables. Construido en Canadá en 1861 y bautizado originalmente como Amazon, el Mary Celeste fue vendido posteriormente a un estadounidense y sufrió varias modificaciones estructurales. El 7 de noviembre de 1872, el Mary Celeste zarpó de Nueva York con destino a Génova (Italia) cargado con 1.701 barriles de alcohol. El capitán Benjamin Briggs, su esposa Sarah y su hija Sophia, de dos años, iban a bordo, pero su hijo Arthur, de siete años, se quedó en Nueva York. El 4 de diciembre de 1872, el bergantín canadiense Dei Gratia encontró el Mary Celeste a la deriva en el océano Atlántico. El barco no había sufrido daños, estaba en condiciones de navegar y aún navegaba parcialmente. Su cargamento de 1.701 barriles de alcohol desnaturalizado estaba intacto, pero faltaban la tripulación y su bote salvavidas. El diario de a bordo había sido introducido por última vez 10 días antes de su descubrimiento, y el barco seguía bien aprovisionado. Las teorías sobre la desaparición de la tripulación incluyen que el polvo de carbón y los escombros de la construcción ensuciaron las bombas del barco, o que el capitán Briggs abandonó el barco debido a la incertidumbre sobre su navegabilidad. Otras teorías incluyen una falsa alarma que provocó una evacuación innecesaria, una explosión causada por vapores de alcohol, una tromba de agua que arrastró a la tripulación por la borda y un ataque pirata. Aunque las investigaciones científicas favorecen la teoría de la explosión, que habría obligado a la tripulación a abandonar el barco, es probable que el misterio del Mary Celeste nunca se resuelva del todo.

4.8 Luces del terremoto de grados: Misteriosas luces que acompañan al temblor

- Las luces de terremoto, también conocidas como relámpagos de terremoto o destellos de terremoto, son fenómenos ópticos luminosos que pueden aparecer en el cielo antes, durante o cerca de un terremoto. También pueden acompañar a erupciones volcánicas o tensiones tectónicas. Las luces de terremoto se producen poco antes o durante un evento sísmico, a una distancia de hasta 600 kilómetros (370 millas) del epicentro del seísmo, y en los valles de ruptura o cerca de ellos. Pueden manifestarse como bolas de luz, relámpagos, serpentinas, resplandores constantes o llamas azuladas. También pueden parecerse a relámpagos brillantes que emanan del suelo y se extienden hasta 200 metros. Las luces sísmicas suelen ser de color entre blanco y azulado, pero pueden abarcar una gama de colores más amplia. Pueden durar desde una fracción de segundo hasta decenas de minutos. Son más comunes en Italia, Grecia, Francia, Alemania, China y partes de Sudamérica. A continuación se muestran algunos ejemplos de grandes terremotos acompañados de luces sísmicas:

- El 15 de agosto de 2007, unos brillantes destellos de luz iluminaron el cielo antes del terremoto de Pisco, en Perú, de magnitud 8,0. Las cámaras de seguridad y los registros sísmicos captaron el momento preciso en que se produjeron los destellos de luz y su ubicación. Las cámaras de seguridad y los registros sísmicos captaron el momento y la ubicación precisos de los destellos luminosos. El 6 de abril de 2009, llamas de luz de 10 centímetros parpadearon sobre una calle de piedra antes del terremoto de magnitud 6,3 de L'Aquila (Italia). El 7 de septiembre de 2021, unas luces azules, parecidas a relámpagos cerúleos, iluminaron el cielo nocturno durante el terremoto de magnitud 7,0 que se produjo en Acapulco (México). El 6 de febrero de 2023, múltiples luces aparecieron continuamente durante el terremoto de magnitud 7,8 de Turquía-Siria. Durante el terremoto de magnitud 6,9 de Marrakech-Safi, en Marruecos, en 2023, se vieron destellos de luz azul durante todo el temblor.

- Algunos proponen que las luces de los terremotos se deben a la tensión tectónica que rompe los átomos de oxígeno de las rocas, que fluyen hacia la superficie e ionizan las bolsas de aire, formando un gas cargado. Sin embargo, no existe un consenso generalizado sobre la causa de las luces sísmicas. Algunos científicos dudan de la validez de cualquiera de los informes, mientras que otros creen que al menos algunos de ellos corresponden plausiblemente a luces de terremotos. Algunos informes se han relacionado incluso con la formación de arcos eléctricos a causa de las sacudidas de las líneas eléctricas.

4.9 Los bosques inexplicables

- El Bosque Torcido de Polonia es una arboleda de 400 pinos situada en el pueblo de Nowe Czarnowo, cerca de la ciudad de Gryfino, en Pomerania Occidental (Polonia). Los árboles están doblados en un ángulo de 90 grados en su base, formando una J, antes de volver a curvarse para crecer rectos hacia arriba. A pesar de sus inusuales curvas, la mayoría de los árboles están sanos y alcanzan los 15 metros de altura. Los árboles son un monumento natural protegido y una popular atracción turística. Hay muchas teorías sobre cómo adquirieron esta forma única. Algunos creen que los silvicultores los doblaron intencionadamente para crear madera curvada para la construcción de muebles o barcos. Otros proponen que la nieve o la fuerza gravitatoria pesaron sobre los árboles a medida que crecían. Algunas teorías incluso sugieren que el crecimiento de los árboles puede ser el resultado de una mutación genética o del aterrizaje de un ovni. A pesar de las numerosas hipótesis, el misterio del Bosque Torcido nunca se ha resuelto definitivamente.

- El Bosque Danzante de Rusia es un pinar del óblast de Kaliningrado (Rusia) situado en la duna Kruglaya, en la lengua de Curlandia, entre el mar Báltico y la laguna de Curlandia. Es conocido por sus árboles inusualmente retorcidos, que se doblan en formas como anillos, corazones y espirales. Se desconoce la causa exacta de su deformación, pero algunas posibles explicaciones son la actividad de las orugas, los campos geomagnéticos de la zona y la manipulación humana. La leyenda local afirma que los árboles bailan para demostrar el poder del Dios cristiano. El Bosque Danzante se ha convertido en una fuente popular de esperanza, y algunos creen que trepar por uno de los anillos puede añadir un año a la vida de una persona o concederle un deseo.

Chapter 5

El fascinante universo

5.1 Las maravillas de la gravedad

- La gravedad es una fuerza fundamental que da forma al universo. Es la fuerza primaria que determina la forma de los objetos del universo, juntando la materia para formar esferas. Por eso los planetas, las estrellas y otros objetos grandes son redondos.

- La gravedad es la más débil de las cuatro fuerzas fundamentales (gravedad, electromagnetismo, fuerza nuclear fuerte y fuerza nuclear débil) del universo. Por ejemplo, un pequeño imán puede vencer la atracción gravitatoria de toda la Tierra para levantar un clip. Sin embargo, la gravedad tiene un alcance infinito y desempeña un papel crucial en la formación de la estructura del universo.

- Mientras que la masa, una propiedad fundamental de la materia, permanece constante independientemente de la ubicación o la gravedad, el peso puede variar bajo diferentes fuerzas gravitatorias. Por ejemplo, una pesa de calibración de 100 kilogramos tendría la misma masa tanto en la Tierra como en Marte, pero su peso sería de 100 kilogramos en la Tierra y de sólo 37,7 kilogramos en Marte.

- Según la teoría de la relatividad general de Einstein, la gravedad viaja a la velocidad de la luz, que es de aproximadamente 299.792 kilómetros por segundo. Si el Sol desapareciera de repente, la Tierra tardaría 8 minutos en sentir la pérdida de su atracción gravitatoria, el mismo tiempo que tarda la luz solar en llegar hasta nosotros.

- Las ondas gravitacionales son ondulaciones en el espacio-tiempo provocadas por algunos de los fenómenos más energéticos y violentos del universo, como la colisión de agujeros negros, estrellas de neutrones o supernovas (estrellas masivas que explotan al final de sus vidas). Invisibles para el ojo humano, las ondas gravitacionales, como la propia gravedad, viajan a la velocidad de la luz (186.282 millas por segundo, o 299.792 kilómetros por segundo), estrujando y estirando todo lo que encuentran a su paso mientras se propagan. Pueden atravesar la materia sin ser dispersadas ni obstruidas, transportando valiosa información sobre los objetos y acontecimientos que las crearon. Los científicos pueden utilizar las ondas gravitacionales para estudiar los orígenes del universo.

5.2 La fascinante naturaleza del tiempo: ¿es una ilusión?

- Aunque el tiempo parece lineal, en realidad podemos ver la luz del pasado porque la luz tarda en viajar hasta la Tierra. Cuanto más lejos está un objeto, más tarda su luz en llegar hasta nosotros, lo que significa que la luz es más antigua a su llegada. Por ejemplo, el fondo cósmico de microondas, la luz más lejana que podemos ver, es la radiación remanente del Big Bang, que ocurrió hace aproximadamente 13.800 millones de años. Vemos el Sol como era hace unos 8 minutos porque es el tiempo que tarda la luz solar en llegar a la Tierra. Del mismo modo, vemos a Júpiter como era hace unos 48 minutos, y a Vega como era hace 25 años. Las estrellas situadas a menos de 4.000 años luz de nosotros aparecen como eran hace hasta 4.000 años. Incluso es posible que algunas estrellas que vemos esta noche ya no existan, pues su luz ha tardado años en llegar hasta nosotros.

- Un observador en movimiento experimenta el tiempo más lentamente que un observador inmóvil. Por ejemplo, los astronautas de la Estación Espacial Internacional (ISS), que viajan a una velocidad aproximada de 17.500 millas por hora (28.000 kilómetros por hora), envejecen 0,007 segundos más despacio que los habitantes de la Tierra por cada 30 minutos que pasan en el espacio. Así que, si quieres mantenerte joven durante más tiempo, ¡piensa en el viaje interestelar!

- Si viajáramos a una estrella situada a 10 años luz de distancia a la velocidad de la luz, el tiempo parecería congelarse. En otras palabras, el viaje nos parecería casi instantáneo, pero en la Tierra habrían transcurrido 10 años. Sin embargo, a medida que nos acercamos a la velocidad de la luz, nuestra masa aumenta significativamente, acercándose finalmente al infinito. Como la energía necesaria para propulsarnos también sería infinita, nunca podremos alcanzar realmente la velocidad de la luz.

- En 2000, Ronald Mallett, ex profesor de física de la Universidad de Connecticut, propuso que un láser anular podría curvar el espacio-tiempo lo suficiente como para permitir viajar en el tiempo. Un láser anular, creado mediante la generación de un haz de luz en rotación continua, podría teóricamente producir un campo gravitatorio similar al de un agujero negro a través de su luz concentrada y giratoria. Este campo podría, en teoría, crear bucles temporales o "curvas temporales cerradas", lo que permitiría viajar en el tiempo. Mallett comenzó a probar la idea en 2019, pero aún no ha demostrado su hipótesis.

5.3 Los misteriosos agujeros negros

- Los agujeros negros son regiones del espacio en las que la gravedad es tan intensa que deforma el espacio-tiempo, impidiendo incluso la salida de la luz. Estos objetos increíblemente densos contienen una enorme cantidad de masa en un volumen minúsculo. Los agujeros negros suelen formarse cuando las estrellas masivas colapsan al final de su ciclo vital.

- El tamaño de los agujeros negros oscila entre el de un átomo y millones de veces la masa del Sol. Existen al menos tres tipos de agujeros negros: 1) Agujeros negros primordiales, que se cree que se formaron en los primeros instantes tras el Big Bang. Pueden ser tan pequeños como un átomo pero con la masa de una gran montaña. 2) Agujeros negros estelares. Se formaron a partir del colapso de estrellas masivas, que pueden tener hasta 20 veces la masa del Sol. 3) Agujeros negros supermasivos. Son los más grandes, con millones o miles de millones de veces la masa del sol. Se encuentran en el centro de la mayoría de las grandes galaxias, incluida nuestra Vía Láctea, que alberga un agujero negro supermasivo Sagitario A* con una masa de unos 4,3 millones de soles. El mayor agujero negro conocido del universo es TON 618, con un peso de unos 40.000 millones de veces la masa de nuestro sol y situado a 10.000 millones de años luz de la Tierra.

- El tamaño del horizonte de sucesos de un agujero negro, también conocido como radio de Schwarzschild, es directamente proporcional a su masa. Si la Tierra se comprimiera en un agujero negro, su horizonte de sucesos tendría aproximadamente el tamaño de una canica (de 0,2 a 0,8 pulgadas, o de 0,5 a 2 centímetros de diámetro).

- Los agujeros negros pueden fusionarse para formar un único agujero negro de mayor tamaño. Este proceso es extremadamente violento y libera una enorme cantidad de energía. La colisión crea ondulaciones en el tejido del espaciotiempo, conocidas como ondas gravitacionales. En 2015, los científicos, utilizando el detector LIGO, observaron por primera vez la fusión de agujeros negros binarios de masa estelar. Esta fusión produjo un agujero negro con una masa aproximadamente 62 veces superior a la del Sol.

- Si usted cayera en un agujero negro, experimentaría una "espaguetización": su cuerpo se estiraría hasta convertirse en una hebra larga y delgada debido a la inmensa atracción gravitatoria. La parte de tu cuerpo más cercana al agujero negro experimentaría una fuerza mucho mayor que la parte más alejada, lo que te desgarraría incluso antes de llegar al horizonte de sucesos (el punto de no retorno). Además, debido a la dilatación gravitatoria del tiempo, a medida que te acercas al agujero negro, el tiempo parece ralentizarse en relación con un observador externo. Para un observador que le viera caer en el agujero negro, usted se vería cada vez más desplazado hacia el rojo y más tenue a medida que se acercara al horizonte de sucesos, hasta desaparecer de su vista.

- Los científicos calculan que hay unos 100 millones de agujeros negros en la Vía Láctea, pero sólo se han identificado unas pocas docenas. Esta discrepancia se debe a que los agujeros negros son intrínsecamente difíciles de detectar, ya que no emiten luz. Sin embargo, los astrónomos pueden detectarlos observando la desviación de la luz de las estrellas al pasar cerca del campo gravitatorio de un agujero negro. El agujero negro conocido más cercano a la Tierra es Gaia BH1, situado a 1.560 años luz.

5.4 Materia y energía oscuras: El Universo es mayoritariamente oscuro para nosotros

- La materia oscura es invisible porque no interactúa con la luz ni con otras formas de radiación electromagnética. Esto significa que no absorbe, refleja ni emite luz, por lo que es indetectable (y, por tanto, "oscura") para nosotros. Sin embargo, la materia oscura tiene fuerzas gravitatorias, y su gravedad afecta al movimiento de galaxias y estrellas; por eso sabemos que existe.

- La materia oscura constituye más del 80% de la masa total del universo. Aunque invisible, la materia oscura actúa como un pegamento, desempeñando un papel clave en la formación y distribución de las galaxias. Sin la materia oscura, las galaxias volarían en pedazos debido a la velocidad a la que se mueven.

- La materia oscura, a diferencia de la materia regular como estrellas y planetas, no está compuesta de átomos. La hipótesis de los científicos es que la materia oscura está formada por partículas subatómicas aún por descubrir, aunque su composición exacta sigue siendo un misterio.

- La energía oscura es una fuerza misteriosa que impulsa la expansión acelerada del universo, separando las galaxias y alimentando esta expansión. A veces se la denomina "antigravedad" porque contrarresta la fuerza de la gravedad, que atrae a las galaxias.

- La energía oscura constituye aproximadamente el 68% del contenido energético total del universo. Está distribuida uniformemente por todo el universo, tanto en el espacio como en el tiempo. Esta distribución uniforme significa que afecta al universo en su conjunto.

- Aunque la energía y la materia oscuras son invisibles, tienen efectos diferentes en el universo. La materia oscura junta las galaxias, mientras que la energía oscura las separa.

- Juntas, la energía y la materia oscuras constituyen la mayor parte del universo, alrededor del 95%. Sólo un 5% del universo es la materia "normal" que forma las estrellas, las galaxias y los planetas. Para nosotros, el universo es en su mayor parte oscuro.

5.5 El fascinante cielo nocturno: Una mirada más atenta

- Hay aproximadamente 9.000 estrellas visibles en el cielo nocturno y, en una noche sin luna y con una contaminación lumínica mínima procedente de las ciudades, el ojo desnudo puede ver entre 5.000 y 6.000 de ellas. Estas estrellas no suelen estar a más de 10.000 años luz de distancia (un año luz es la distancia que recorre la luz en un año, o 5,879 billones de millas), y la mayoría de las estrellas siguen vivas cuando su luz llega a la Tierra. En comparación, en nuestra galaxia, la Vía Láctea, hay unos 100.000 millones de estrellas, y los astrónomos calculan que en el universo observable hay unos 200.000 millones de billones de estrellas.

- Con un pequeño telescopio capaz de detectar estrellas más débiles (por ejemplo, estrellas de magnitud 10; cuanto mayor es el número, más débil es la estrella, y los ojos humanos pueden ver hasta la magnitud 6), podemos ver más de 140.000 estrellas en el cielo nocturno. Algunas de estas estrellas están tan lejos de la Tierra que es posible que ya hayan muerto cuando su luz llegue hasta nosotros.

- Las estrellas son bolas gigantes de gas caliente, en su mayoría hidrógeno, con algo de helio y pequeñas cantidades de otros elementos. El color de una estrella indica la temperatura de su superficie, siendo las estrellas azules las más calientes. A medida que la temperatura de una estrella aumenta, su color cambia de rojo a naranja, a amarillo, a blanco y, finalmente, a azul. Las estrellas rojas son las más frías, con temperaturas de unos 3.800°C. Las estrellas naranjas tienen temperaturas de unos 4.500°C. Nuestro Sol es una estrella amarilla, con una temperatura superficial de unos 6.000°C. Las estrellas azules tienen temperaturas superficiales superiores a los 10.000°C, y las estrellas azules más calientes, conocidas como supergigantes azules, pueden tener temperaturas superiores a los 40.000°C.

- Las estrellas azules son también las más grandes y masivas de la galaxia, lo que las hace visibles en el cielo incluso cuando están lejos. Una de las supergigantes azules más conocidas del cielo nocturno es Rigel, la estrella más brillante de la constelación de Orión (el "cazador"). La temperatura de la superficie de Rigel es de unos 11.600 °C, mucho más caliente que la del Sol. Los científicos calculan que Rigel es 120.000 veces más brillante que nuestro Sol, pero debido a su distancia (863 años luz), sólo es la séptima estrella más brillante del cielo nocturno.

- Arcturus, la gigante roja más brillante del cielo nocturno, se encuentra en la constelación de Boötes (el "pastor") y está a unos 37 años luz de la Tierra. Arcturus, la cuarta estrella más brillante del cielo nocturno, debe su nombre (que significa "guardián del oso") a su posición cerca de la constelación de la Osa Mayor (el "gran oso"). A pesar de tener sólo 1,5 veces la masa del Sol, Arcturus brilla 113 veces más y libera 215 veces más calor debido a su inmenso tamaño. Se calcula que Arcturus tiene 7.000 millones de años y se acerca al final de su vida estelar. Acabará transformándose en una enana blanca -una estrella pequeña e increíblemente densa- cuando agote su combustible nuclear.

- Sirio es la estrella más brillante del cielo nocturno y es visible tanto desde el hemisferio Norte como desde el Sur. Situada en la constelación Canis Major (el "perro mayor"), Sirio también es conocida como la Estrella del Perro o Sirio A. Se encuentra aproximadamente a 8,6 años luz de la Tierra y tiene una magnitud aparente de -1,46. Su nombre deriva del griego y significa "resplandeciente". Su nombre, derivado del griego, significa "resplandeciente". Sirio es más prominente en los meses de invierno en el hemisferio norte. Sólo unos pocos planetas, la Luna llena y la Estación Espacial Internacional eclipsan a Sirio cuando están sobre el horizonte. Puede encontrar Sirio siguiendo la línea de las estrellas del cinturón de Orión (el "cazador") hacia abajo, en dirección sureste.

- La segunda estrella más brillante del cielo nocturno es Canopus. Tiene una magnitud visual de -0,74 y se encuentra a 310 años-luz de la Tierra. Situada en la constelación austral de Carina (la "quilla del barco"), Canopus es visible sobre todo en el hemisferio sur. Su visibilidad está limitada por la latitud, y las personas que viven a 37 grados norte o más, como la mayor parte de Estados Unidos, Europa y Canadá, no pueden ver Canopus porque permanece por debajo del horizonte. En la mitología griega, Canopus fue el piloto de la nave del rey Menelao de Esparta durante la guerra de Troya, mientras que en la cultura china, Canopus se asocia con la longevidad.

5.6 Visitantes celestiales: Espectaculares cometas y lluvias de meteoritos

Cometas

- Los cometas son cuerpos celestes formados por hielo, gas y polvo con largas colas. Son restos de la formación de nuestro sistema solar hace unos 4.600 millones de años, y a veces se les llama "bolas de nieve sucias". Los cometas pueden haber traído agua y compuestos orgánicos a la Tierra primitiva y a otras partes del sistema solar, que podrían ser los componentes básicos de la vida.

- Según las estimaciones de la NASA en 2023, hay unos 3.743 cometas conocidos en nuestro sistema solar. Sin embargo, los astrónomos creen que hay miles de millones de cometas más orbitando alrededor del Sol en el Cinturón de Kuiper y la Nube de Oort, que se encuentran más allá de Neptuno y Plutón. El Halley es el cometa más conocido, con un ciclo de viaje regular de 76 años alrededor del Sol. Fue visto por última vez en los cielos de la Tierra en 1986 y volverá en 2061. A continuación figuran los espectaculares cometas que serán visibles en 2024 y 2025.

- Uno de los cometas más impresionantes visibles desde la Tierra en 2024 es el C/2023 A3 (Tsuchinshan-ATLAS). Este cometa alcanzó su perihelio (el punto más cercano al Sol) el 27 de septiembre de 2024, con un brillo de magnitud 2,9. Para el 12 de octubre de 2024, estará en su punto más cercano a la Tierra, brillando con una impresionante magnitud de -4. ¡Esto lo hará comparable al brillo de Venus! El cometa será visible inicialmente en el cielo matutino del hemisferio sur con prismáticos o a simple vista. A partir del 14 de octubre de 2024 se convertirá en un espectáculo fascinante en el hemisferio norte. El mejor momento para observarlo será poco después de la puesta de Sol, cuando el cometa podrá verse en el cielo occidental hasta alrededor del 24 de octubre de 2024.

- Otro cometa brillante que se espera que aparezca en 2024 es A11bP7I, o C/2024 S1 (ATLAS). Este cometa alcanzará el perihelio el 28 de octubre de 2024 y podría llegar a ser más brillante que Venus, posiblemente incluso visible durante el día. Pertenece a los astros Kreutz, un grupo de cometas que pasan extremadamente cerca del Sol. Las mejores vistas se obtendrán desde el Hemisferio Sur en el cielo nocturno. Si A11bP7I sobrevive a su encuentro cercano con el Sol, más tarde será visible en latitudes medias septentrionales durante la mañana, ofreciendo otra oportunidad de observación.

- Más avanzado el año, el cometa periódico 333P/LINEAR de la familia de Júpiter alcanzará su perihelio el 29 de noviembre de 2024. Con un brillo de magnitud 9,8, este cometa será observable con prismáticos grandes o un telescopio pequeño (nuestros ojos desnudos sólo pueden ver hasta la magnitud 6 y no lo verán). El 9 de diciembre de 2024, alcanzará su máxima aproximación a la Tierra, iluminándose ligeramente. Este cometa será visible en ambos hemisferios, ofreciendo a los astrónomos aficionados una buena oportunidad para vislumbrarlo.

- El 13 de enero de 2025, el cometa C/2024 G3 (ATLAS) alcanzará el perihelio con un brillo potencial de magnitud -2,0. En su máxima aproximación a la Tierra, podría alcanzar la magnitud -1,8, lo que lo haría visible a simple vista incluso durante el día. Sin embargo, el destino del cometa sigue siendo incierto, ya que podría no sobrevivir a su viaje alrededor del Sol. Si lo hace, será visible en el hemisferio norte antes del perihelio y en el hemisferio sur después. Su proximidad al Sol en el cielo durante estos periodos dificultará su observación.

Lluvia de meteoritos

- Las lluvias de meteoros se producen cuando la Tierra atraviesa los restos dejados por cometas y asteroides. Cuando estos restos se queman en la atmósfera terrestre, crean deslumbrantes rayas de luz en el cielo. Cada año se producen más de 100 lluvias de estrellas, de las cuales unas 30 son visibles desde la Tierra. Algunas son breves y duran sólo unos pocos años, mientras que otras tienen lugar anualmente. Las lluvias de estrellas más extraordinarias, conocidas como tormentas de meteoros, aparecen en nuestros cielos sólo una o dos veces en la vida. A continuación se muestran algunas de las lluvias de estrellas más espectaculares.

- Las Oriónidas, una lluvia de meteoros que irradia desde la constelación de Orión (el "Cazador"), están consideradas "una de las lluvias más bellas del año" por la NASA. Tienen su origen en los restos del cometa Halley y suelen alcanzar su máximo a finales de octubre. En 2024, las Oriónidas alcanzarán su máximo en la noche del 20 al 21 de octubre, y la mejor hora para verlas será después de medianoche. En cielos oscuros, se espera ver una media de 20 meteoros por hora, con la posibilidad de hasta 50-75 durante el pico de actividad.

- Las Perseidas, una lluvia de meteoros que irradia desde la constelación de Perseo (el "Héroe"), son causadas por el paso de la Tierra a través de los restos dejados por el cometa Swift-Tuttle, lo que se conoce como la nube de las Perseidas. Observadas por primera vez hace unos 2.000 años, las Perseidas son visibles a mediados de agosto y alcanzan su máximo entre el 8 y el 14 de agosto. El mejor momento para verlas es por la mañana temprano, cuando la luz de la Luna es menos intrusiva. Las Perseidas son una de las lluvias más abundantes, y los espectadores pueden esperar ver entre 50 y 100 meteoros por hora durante el pico de actividad.

- Las Gemínidas, una lluvia de meteoros que irradia desde la constelación de Géminis (los "Gemelos"), son una de las lluvias de meteoros anuales más fiables y espectaculares. Son visibles todos los años entre el 19 de noviembre y el 16 de diciembre, alcanzando su punto álgido a mediados de diciembre, normalmente hacia el 13 y el 14 de diciembre. Observadas por primera vez a mediados del siglo XIX, las primeras Gemínidas sólo producían unos modestos 10-20 meteoros por hora; sin embargo, con el tiempo, este número ha crecido hasta 120 meteoros por hora en condiciones ideales, convirtiendo a las Gemínidas en una importante lluvia de meteoros. A diferencia de la mayoría de las lluvias de meteoros que se originan en cometas, las Gemínidas proceden de un asteroide llamado 3200 Phaethon. Sus meteoroides son más densos que el típico polvo de cometa, lo que hace que los meteoros de las Gemínidas sean excepcionalmente brillantes, rápidos y claramente amarillos. El mejor momento para observar las Gemínidas es durante la noche y antes del amanecer, a mediados de diciembre. La lluvia es visible en todo el mundo y alcanza su punto álgido sobre las 21.00 o 22.00 horas. Para disfrutar de la mejor visión, busque un lugar alejado de las luces de la ciudad y espere unos 30 minutos para que sus ojos se adapten a la oscuridad.

- Las Leónidas, una lluvia de meteoros que irradia desde la constelación de Leo (el "León"), son una lluvia de meteoros anual, aunque suelen producir unos modestos 15 meteoros por hora. Las Leónidas tienen su origen en el cometa 55P/Tempel-Tuttle, que tarda 33 años en orbitar alrededor del Sol. Esta lluvia de meteoros estará activa entre el 3 de noviembre y el 2 de diciembre de 2024, con un máximo el 16 de noviembre. Las Leónidas son conocidas por sus meteoros brillantes, coloridos y veloces, que viajan a una asombrosa velocidad de ¡44 millas (71 kilómetros) por segundo! Cada 33 años, las Leónidas pueden producir una espectacular tormenta de meteoros, con hasta miles de meteoros por hora. La tormenta más famosa se produjo en 1966, cuando se observaron miles de meteoros por minuto, y la última tuvo lugar en 2002. Las Leónidas también se caracterizan por producir bólidos -explosiones de luz y color causadas por partículas de material cometario de mayor tamaño- y meteoros "atrapatierras", que rozan el horizonte dejando largas y coloridas estelas. El mejor momento para observar las Leónidas es después de medianoche desde un lugar oscuro. Asegúrese de apartar la vista de la constelación de Leo para disfrutar de meteoros más largos y espectaculares.
- Las Cuadrántidas, una lluvia de meteoros que irradia desde la antigua constelación Quadrans Muralis (el "cuadrante mural"), que ahora forma parte de la constelación moderna Bootes (el "pastor"), son una de las lluvias de meteoros anuales más impresionantes. Al igual que las Gemínidas, las Cuadrántidas tienen su origen en un asteroide (2003 EH1) y no en un cometa. La lluvia de meteoros de las Cuadrántidas estará activa desde el 12 de diciembre de 2024 hasta el 12 de enero de 2025, alcanzando su máximo alrededor del 3 de enero de 2025. Esta lluvia de meteoros tiene un pico notablemente estrecho, que dura sólo unas seis horas, porque la Tierra cruza su corriente de meteoros en un ángulo perpendicular. Durante el pico, en condiciones ideales, los observadores pueden ver entre 60 y 200 meteoros por hora. Al igual que las Leónidas, las Cuadrántidas también son conocidas por producir bolas de fuego brillantes y de larga duración. Las Cuadrántidas se observan mejor desde el hemisferio norte durante la noche y antes del amanecer.

5.7 Entre luces y sombras: Datos curiosos sobre los eclipses solares y lunares

Eclipse solar

- El eclipse solar total más largo registrado se produjo el 15 de junio del año 743 a.C. y duró 7 minutos y 28 segundos. El eclipse fue visible en el Océano Índico, frente a las costas de Kenia y Somalia. La mayor duración posible de un eclipse solar total es de 7 minutos y 32 segundos. Este máximo teórico se produciría cuando el Sol está en afelio (su punto más alejado de la Tierra) y la Luna en perigeo (su punto más cercano a la Tierra).

- El 29 de mayo de 1919, un eclipse solar proporcionó pruebas clave para la teoría general de la relatividad de Albert Einstein. Según esta teoría, el gran tamaño del Sol crea una curvatura en el espacio-tiempo. Cuando la luz de estrellas lejanas pasa cerca del Sol, sigue esta curvatura del espaciotiempo, curvando su trayectoria. Durante el eclipse solar de 1919, el astrofísico inglés Arthur Eddington y su equipo fotografiaron estrellas cercanas al Sol (normalmente invisibles debido a su brillo). Comprobaron que la posición aparente de las estrellas se había desplazado y que la magnitud de la desviación coincidía exactamente con las predicciones de Einstein. Esto confirmó la teoría general de la relatividad de Einstein.

- El eclipse solar que tuvo lugar el 3 de noviembre de 2013 fue un raro eclipse híbrido. Comenzó como un eclipse anular, pero se convirtió en un eclipse total al disminuir la distancia de la Luna a la Tierra. Un eclipse híbrido se produce cuando la distancia de la Luna a la Tierra cambia durante el eclipse, haciendo que cambie entre total y anular. El próximo eclipse híbrido tendrá lugar el 14 de noviembre de 2031 y pasará principalmente sobre el Océano Pacífico. Los dos próximos eclipses híbridos se esperan para noviembre de 2049 y mayo de 2050.

- El eclipse solar del 21 de agosto de 2017 fue un eclipse solar total visible en todo el territorio contiguo de Estados Unidos por primera vez desde 1918. También conocido como el "Gran Eclipse Americano", su trayectoria de totalidad (donde la Luna bloquea completamente la luz del Sol), de 110 km de ancho, abarcó 14 estados, incluidos Oregón, Idaho, Montana, Wyoming, Nebraska, Kansas, Iowa, Misuri, Illinois, Kentucky, Tennessee, Georgia, Carolina del Norte y Carolina del Sur. El eclipse total fue visible por primera vez en Oregón a las 10:15 AM PDT y terminó en Charleston, Carolina del Sur, alrededor de las 2:41 PM EST.

Eclipse lunar

- ¿Has visto alguna vez una luna de sangre? Es una luna con un espeluznante color rojo cobrizo. Este fenómeno se produce durante un eclipse lunar total, cuando la Tierra impide que la luz solar llegue directamente a la luna. La única luz que se refleja en la Luna durante este periodo se filtra a través de la atmósfera terrestre, que dispersa la luz azul y deja pasar la luz roja. Esta luz roja se refleja en la superficie lunar, dándole un brillo rojizo. Cuanto más polvo o nubes haya en la atmósfera, más intenso será el tono rojo de la Luna. La luna de sangre más reciente se produjo el 8 de noviembre de 2022 y también se conoció como Luna de Sangre del Castor. El próximo eclipse lunar total, y por tanto la próxima oportunidad de presenciar una luna de sangre, será el 14 de marzo de 2025. Este acontecimiento celeste será visible en el Pacífico, América, Europa Occidental y África Occidental.

- Por el contrario, una luna azul es una luna llena que se produce en una estación (normalmente tres meses) con cuatro lunas llenas, o dos veces en un mismo mes del calendario. La luna en sí no se vuelve azul, pero puede parecerlo cuando se observa a través de la bruma atmosférica que contiene partículas de polvo (a diferencia de la luna de sangre, en la que la luz solar queda bloqueada). Este fenómeno es raro e impredecible, de ahí el dicho "una vez en una luna azul".

- El eclipse total de Luna más largo registrado tuvo lugar el 16 de junio de 2000 y duró 106 minutos y 24,6 segundos. Los siguientes eclipses lunares totales más largos están previstos para el 12 de mayo de 2264 y el 27 de julio de 3107, con una duración de 106 minutos y 13 segundos y 106 minutos y 21 segundos, respectivamente. La duración de un eclipse total de Luna varía en función de la posición de la Luna en su órbita. Cuando la Luna se encuentra en el apogeo (su punto más alejado de la Tierra), se desplaza más lentamente a través de la sombra de la Tierra, lo que da lugar a un eclipse más largo.

- El eclipse total de Luna del 29 de febrero de 1504, conocido como el Eclipse de Colón, salvó la vida de Colón y su tripulación. En el cuarto y último viaje de Colón al Nuevo Mundo, su flota resultó dañada por los gusanos, lo que le obligó a varar los barcos que le quedaban en la costa norte de Jamaica el 25 de junio de 1503. Al principio, los arawak locales le proporcionaron comida y cobijo, pero con el paso de los meses las tensiones aumentaron y los arawak se mostraron reacios a intercambiar provisiones por lo que consideraban baratijas sin valor. Colón, ante el riesgo de morir de hambre, ideó un plan. Sabiendo que era inminente un eclipse total de luna el 29 de febrero de 1504, advirtió al jefe arawak local que su dios cristiano estaba enfadado y demostraría su disgusto haciendo que la luna llena se volviera "inflamada de ira". La noche del eclipse, mientras la luna se enrojecía y oscurecía, los aterrorizados arawaks rogaron a Colón que la restaurara. Utilizando un reloj de arena para cronometrar el eclipse, Colón fingió consultar con su dios y, a medida que la luna reaparecía poco a poco, los arawaks se llenaron de gratitud y temor y siguieron suministrando alimentos a Colón y su tripulación. En junio llegó un barco de rescate y Colón regresó sano y salvo a España en noviembre de 1504.

5.8 Visitantes no deseados: Impactos de asteroides que han causado desastres

- Mientras que casi 100 toneladas de polvo meteórico entran en la atmósfera de la Tierra y se queman cada día, asteroides más pequeños con un diámetro de 3 pies (1 metro) golpean la Tierra unas pocas veces al año. El asteroide que impactó en Cheliábinsk (Rusia) en 2013 tenía 19 metros de diámetro; este tipo de impacto se produce cada 60-80 años. Los impactos más grandes, como el del asteroide de 50 metros que golpeó Tunguska en 1908, se producen cada 200-300 años. Los asteroides de más de 1 kilómetro son muy peligrosos y pueden causar daños catastróficos a la vida en la Tierra. Ocurren aproximadamente cada 500.000 años. Los asteroides asesinos de planetas, mayores de 10 kilómetros, como el que acabó con los dinosaurios hace 65 millones de años, son extremadamente raros. Los científicos han determinado que en los últimos 600 millones de años, la Tierra ha sido golpeada por 60 objetos con un diámetro de 5 kilómetros o más, lo que supone una media de un impacto cada 10 millones de años.

- El cráter Vredefort es el mayor y más antiguo de la Tierra. Se formó hace aproximadamente 2.000 millones de años, cuando un gran asteroide, cuyo diámetro se estima en unos 10 kilómetros, colisionó con la Tierra cerca de la actual Johannesburgo (Sudáfrica). El impacto creó el mayor cráter de impacto conocido del planeta, de 300 kilómetros de diámetro. Este inmenso cráter se ha erosionado considerablemente con el paso del tiempo, dejando tras de sí la visible estructura de la "Cúpula de Vredefort". El hecho de que nuestro planeta haya sobrevivido a un acontecimiento tan catastrófico es extraordinario.

- Hace aproximadamente 65 millones de años, un gran asteroide de unos 10 kilómetros de diámetro impactó contra la Tierra a una velocidad superior a 25 kilómetros por segundo cerca de la actual península de Yucatán, en México. El impacto liberó una cantidad de energía equivalente a 10.000 veces el arsenal nuclear actual del mundo, creando un cráter masivo con un diámetro de aproximadamente 124 millas (200 kilómetros). Los científicos creen que este impacto provocó el bloqueo de la luz solar por el polvo y los escombros, lo que desencadenó un drástico cambio climático global. Esto provocó una extinción masiva en el límite entre el Cretácico y el Paleógeno, que acabó con los dinosaurios y más del 50% de las especies de la Tierra.

- El cráter Popigai, situado en el norte de Siberia (Rusia), se formó hace unos 35 millones de años cuando un gran asteroide de 5 a 8 kilómetros de ancho impactó contra la Tierra. Este impacto creó un enorme cráter de unos 100 kilómetros de diámetro. Debido al alto contenido en carbono del suelo que rodeaba el lugar del impacto, el intenso calor y la presión generados por la colisión crearon una gran cantidad de "diamantes de impacto". Esta abundancia de diamantes le ha valido al cráter el sobrenombre de "Cráter de Diamantes", ¡y es posible que encuentre diminutos gránulos de diamante (de 0,1-0,4 pulgadas, o 3-10 mm de tamaño) si visita el lugar!

- La cuenca de Sudbury es el tercer cráter de impacto más grande del mundo y se encuentra en Ontario (Canadá). Se formó hace más de 1.800 millones de años por el impacto masivo de un cometa, y no de un asteroide. El cometa golpeó la Tierra a una velocidad estimada de más de 20 kilómetros por segundo, creando un cráter que inicialmente medía 150 kilómetros de ancho. Con el tiempo, la erosión remodeló el cráter original en una cuenca elíptica, y su tamaño se redujo a aproximadamente 37 por 18 millas (60 por 30 kilómetros). Se descubrieron fragmentos de roca procedentes del impacto en la actual Minnesota, a cientos de kilómetros del lugar del impacto. El intenso calor y la presión generados por la colisión fundieron la roca y concentraron minerales valiosos como el níquel, el cobre y los metales del grupo del platino, lo que dio lugar a la formación de ricas explotaciones mineras alrededor del cráter.

5.9 Galaxias con señales de radio: ¿Estamos solos en el Universo?

- ¿Estamos solos en el universo? ¿Existen otros seres inteligentes? En pocas palabras, no lo sabemos. Sin embargo, los científicos están investigando misteriosas señales de radio procedentes del espacio profundo, que algunos especulan que podrían ser una señal de inteligencia extraterrestre.

- La señal "¡Wow!" es una famosa y misteriosa transmisión de radio detectada por el radiotelescopio Big Ear de la Universidad Estatal de Ohio el 15 de agosto de 1977, durante una búsqueda de inteligencia extraterrestre. La señal, que duró 1 minuto y 12 segundos, se originó cerca de la constelación de Sagitario y fue 30 veces más fuerte que el ruido de fondo del espacio profundo. Se recibió en una frecuencia específica de 1.420 megahercios, la misma en la que el hidrógeno, el elemento más abundante del universo, emite ondas de radio. Esto llevó a algunos astrónomos a especular que podría haber sido un intento de vida extraterrestre de comunicarse con la Tierra.

- Sin embargo, desde su detección inicial, la misteriosa señal "¡Wow!" no ha vuelto a observarse. En un reciente estudio de 2024, el astrobiólogo planetario Abel Méndez planteó la hipótesis de que la señal podría haber sido causada por una intensa llamarada de un magnetar, un tipo de estrella densa y magnética. Méndez sugiere que la llamarada golpeó una nube interestelar de gas hidrógeno, provocando que emitiera la radiación detectada por el radiotelescopio Big Ear. A pesar de ello, los científicos, incluidos los de la NASA, trabajan incansablemente para recoger señales del universo con la esperanza de encontrar indicios de vida inteligente.

- Por otra parte, los científicos han detectado otro tipo de señal de radio procedente del universo: las ráfagas de radio rápidas (FRB). Las FRB son ráfagas breves e intensas de ondas de radio que se originan fuera de la Vía Láctea. Estas ráfagas son increíblemente energéticas y liberan en un milisegundo tanta energía como el Sol en tres días. Pueden durar desde una fracción de milisegundo hasta varios segundos. La primera FRB se descubrió en 2007 y, desde entonces, los científicos han detectado cientos de estos destellos en puntos distantes del universo.

- Las fuentes de las FRB siguen siendo inciertas. La mayoría de los científicos creen que están causadas por fenómenos astrofísicos como agujeros negros o estrellas de neutrones. Sin embargo, algunos, como el profesor Avi Loeb de Harvard, sugieren que podrían ser evidencia de tecnología alienígena avanzada. En 2019, un equipo dirigido por canadienses que utilizaba el radiotelescopio Canadian Hydrogen Intensity Mapping Experiment (CHIME) en la Columbia Británica descubrió 13 ráfagas rápidas de radio, incluida una que se repetía. Mientras que la mayoría de los científicos atribuyeron estas nuevas ráfagas a restos de supernovas o agujeros negros, Loeb propuso que las FRB podrían ser señales de transmisores alienígenas utilizados para propulsar naves espaciales. Los científicos esperan obtener una respuesta más definitiva a medida que se detecten más FRB.

5.10 Migración interestelar: La búsqueda de planetas habitables

- Dentro de nuestro sistema solar, Marte se considera un candidato potencial para la futura habitación humana. Posee casquetes polares e indicios de canales de agua en el pasado, lo que sugiere una posible fuente de agua. Además, un día marciano tiene aproximadamente la misma duración que un día terrestre, lo que facilitaría la adaptación al ritmo circadiano marciano. Aunque Marte es frío (la temperatura media de su superficie es de -65 °C) y tiene un suministro de oxígeno muy limitado (aproximadamente una décima parte del que hay en la atmósfera terrestre), los científicos creen que podría ser terraformado para adaptarlo a la vida humana.

- Mientras tanto, los científicos nunca han dejado de buscar planetas habitables fuera de nuestro sistema solar. Desde el primer descubrimiento confirmado de un exoplaneta (un planeta que orbita alrededor de una estrella fuera del sistema solar) en 1995, los científicos han identificado más de 5.000 planetas de este tipo. Para encontrar un planeta similar a la Tierra y habitable para los humanos, los astrónomos buscan planetas pequeños y rocosos situados en la zona habitable de su estrella, donde puede existir agua líquida. A continuación se enumeran dos de los principales candidatos que podrían ser habitables:

- KOI (Kepler Object of Interest) 5725.01, descubierto en 2015 gracias al análisis de los datos del telescopio espacial Kepler, es un exoplaneta situado a unos 3.000 años luz en la constelación de Cygnus. Los científicos han determinado que KOI-571 5.01 alberga condiciones aún más favorables para la vida que las que se encuentran en la Tierra, lo que les ha llevado a clasificar el planeta como "superhabitable." El planeta tiene casi el doble de tamaño que la Tierra y es probable que tenga una superficie sólida. Orbita alrededor de una estrella enana naranja, que es más estable que nuestro Sol y tiene una vida útil de hasta 45.000 millones de años, frente a los 10.000 millones de nuestro Sol. Este periodo de vida tan prolongado podría permitir el desarrollo de la vida durante mucho más tiempo. Con una temperatura superficial de 11,6 °C, KOI 5715.01 se aproxima notablemente a la temperatura media de la Tierra. Los científicos están estudiando su atmósfera en busca de moléculas como oxígeno, dióxido de carbono y metano, que podrían indicar la presencia de vida.

- KOI 5554.01, otro exoplaneta de aproximadamente 6.500 millones de años, tiene un tamaño que oscila entre 0,72 y 1,29 veces el diámetro de la Tierra. Orbita alrededor de una estrella enana amarilla situada a unos 700 años luz, con una duración anual de 362 días, similar a la de la Tierra. La temperatura media de la superficie del planeta es de unos 27 °C, adecuada para la vida humana. Los científicos investigan actualmente si el planeta tiene agua y oxígeno, indicadores clave de habitabilidad.

5.11 Todo está en movimiento: Nos movemos rápido por el espacio

- La primera velocidad cósmica se refiere a la velocidad mínima que debe alcanzar un objeto para orbitar un cuerpo celeste, como la Tierra. También se conoce como velocidad orbital. Para la Tierra, la primera velocidad cósmica es de aproximadamente 7,9 kilómetros por segundo. Algunos ejemplos de objetos que se mueven a la primera velocidad cósmica son los satélites artificiales que orbitan alrededor de la Tierra, la Estación Espacial Internacional, la mayoría de los satélites de comunicaciones, los satélites meteorológicos y cualquier nave espacial que mantenga una órbita estable alrededor de la Tierra.

- La segunda velocidad cósmica, también conocida como velocidad de escape, es la velocidad necesaria para que un objeto escape completamente de la atracción gravitatoria de un planeta y no vuelva a caer. Para la Tierra, la segunda velocidad cósmica es de unos 11,2 kilómetros por segundo. Cualquier nave espacial lanzada desde la Tierra, como una sonda del espacio profundo que abandona la órbita terrestre, se mueve a esta velocidad.

- La tercera velocidad cósmica es la velocidad inicial necesaria para escapar de los campos gravitatorios combinados de la Tierra y el Sol. La tercera velocidad cósmica es de aproximadamente 42 kilómetros por segundo, o el 0,014% de la velocidad de la luz en el vacío. Un buen ejemplo de un objeto que se mueve a la tercera velocidad cósmica sería una nave espacial que ha abandonado con éxito el Sistema Solar, como las sondas Voyager.

- La rotación de la Tierra en el ecuador alcanza velocidades de aproximadamente 1. 670 kilómetros (1.037 millas) por hora. Esto se calcula dividiendo la circunferencia de la Tierra en el ecuador por el tiempo que tarda en completar una rotación (24 horas). La velocidad de rotación de la Tierra disminuye a medida que nos alejamos del ecuador y nos acercamos a los polos. A pesar de la rápida rotación de la Tierra, no la percibimos porque el movimiento es constante y nos movemos con él.

- La Luna gira alrededor de la Tierra a una velocidad aproximada de 3.682 kilómetros por hora, o 1,022 kilómetros por segundo. La Luna tarda 27,3 días en completar una órbita alrededor de la Tierra.

- La Tierra gira alrededor del Sol a una velocidad aproximada de 107.000 kilómetros (67.000 millas) por hora, es decir, unos 30 kilómetros (18,6 millas) por segundo. En un año, la Tierra recorre aproximadamente 940 millones de kilómetros (584 millones de millas), tardando unos 365,25 días en completar una órbita.

- Nuestra galaxia, la Vía Láctea, es como un gigantesco molinete giratorio. Nuestro sistema solar viaja dentro de la galaxia a una velocidad media de unas 483.000 millas (792.000 kilómetros) por hora, o aproximadamente 134 millas (220 kilómetros) por segundo, mientras orbita alrededor del centro de la Vía Láctea. Una órbita completa dura aproximadamente 230 millones de años terrestres.

- Las mediciones científicas indican que la Vía Láctea atraviesa el espacio a una velocidad aproximada de 2,1 millones de kilómetros por hora, lo que equivale a unos 600 kilómetros por segundo. Esta velocidad se mide en relación con la radiación cósmica de fondo, un remanente del Big Bang que sirve como punto de referencia para la expansión del universo. Nuestra galaxia se desplaza en la dirección general de las constelaciones de Leo y Virgo. A pesar de la alta velocidad de la Vía Láctea, no percibimos este movimiento porque ¡nos movemos con ella!

- Si ya le asombran las velocidades a las que atravesamos el universo, prepárese para asombrarse aún más. Durante el Big Bang, el universo primitivo se expandió a un ritmo alucinante, superando con creces la velocidad de la luz (186.282 millas o 299.792 kilómetros por segundo). Los científicos estiman que en las etapas iniciales del Big Bang, durante una fase conocida como inflación, el universo se expandió por un factor de 10^78 en aproximadamente 10^-32 segundos. Esto equivale a una expansión de unos 100 billones de kilómetros en una fracción de segundo inimaginablemente pequeña. Es importante recordar que, aunque los objetos del espacio no pueden superar la velocidad de la luz, la expansión del espacio durante la inflación no estaba sujeta a esta limitación.

5.12 Supernova: Fuegos artificiales en el Universo

- Una supernova es un acontecimiento espectacular que se produce cuando una estrella se queda sin combustible y explota en un brillante estallido de luz. Las supernovas se encuentran entre los objetos más brillantes del cielo nocturno y pueden ser miles de millones de veces más brillantes que el sol. Pueden eclipsar a toda una galaxia durante semanas y alcanzar un diámetro de varios años luz.

- Las supernovas son la principal fuente de elementos pesados del universo. Cuando se produce una supernova, distribuye por el espacio tanto los elementos almacenados como los de nueva creación. El estudio de las supernovas ha permitido a los científicos aprender mucho sobre el Universo y, entre otras cosas, sobre cómo las estrellas generan los elementos químicos necesarios para la vida.

- Aproximadamente cada 10 segundos se produce una supernova en algún lugar del universo. Sin embargo, en galaxias similares a la Vía Láctea, sólo se producen dos o tres supernovas por siglo. Por término medio, esto se traduce en una supernova cada 50 o 100 años en nuestra galaxia; sin embargo, esta frecuencia puede variar dependiendo de la región específica dentro de la galaxia y del tipo de supernova.

- Una supernova es miles de millones de veces más brillante que el Sol. Una supernova que se produjera a sólo 32,6 años luz (308,6 billones de kilómetros) sería 15 millones de veces más brillante que Sirio, la estrella más brillante del cielo nocturno.

- Debido a su brillo extremo, las supernovas pueden observarse desde enormes distancias. Según los datos astronómicos actuales, la supernova más lejana jamás detectada es DES16C2nm, situada a unos 10.500 millones de años luz de la Tierra. Esta supernova superluminosa (SLSN) fue detectada por primera vez por el Dark Energy Survey en agosto de 2016.

- Para una estrella con una masa al menos 20 veces superior a la del Sol, una explosión de supernova puede dejar tras de sí un remanente con masa suficiente para formar un agujero negro. En estas estrellas masivas, las fuerzas gravitatorias superan la presión de degeneración de los neutrones, provocando el colapso del núcleo de la estrella en un agujero negro. Si el remanente estelar permanece por debajo de este umbral crítico de masa, formará en su lugar una estrella de neutrones. La estrella de neutrones más pesada conocida tiene aproximadamente 2,5 veces la masa del Sol, mientras que el agujero negro más ligero conocido ronda las 5 masas solares.

- Sabemos que los agujeros negros son extraños, pero las estrellas de neutrones también tienen características inusuales. Contienen el material más denso que podemos observar directamente en el universo, con densidades que rondan los

10^17 kilogramos por metro cúbico. Sólo una cucharadita de materia de estrella de neutrones pesaría tanto como el Monte Everest, ¡que pesa miles de millones de toneladas! También giran a una velocidad increíble. La estrella de neutrones más rápida conocida, la PSR J1748-2446ad, puede girar unas 43.000 veces por minuto (716 veces por segundo), es decir, casi tan rápido como la cuchilla de una batidora. Las estrellas de neutrones también poseen los campos magnéticos más potentes del universo. Sus campos magnéticos, que miden entre 10^12 y 10^15 Gauss, son entre billones y cuatrillones de veces más potentes que el campo magnético de la Tierra (0,5 Gauss), y un tipo de estrella de neutrones llamada "magnetar" puede tener campos magnéticos incluso mil veces más potentes. Unos campos magnéticos tan potentes pueden afectar considerablemente al espacio cercano.

- La supernova más brillante jamás registrada, llamada "SN2016aps", fue descubierta en 2016 por el Telescopio de Sondeo Panorámico y Sistema de Respuesta Rápida (Pan-STARRS) en Hawái. El pico de luminosidad de SN2016aps (magnitud absoluta -22,35) fue 74.000 millones de veces más brillante que el Sol (magnitud absoluta +4,83), ¡y fue 500 veces más brillante que las explosiones de supernova típicas observadas hasta la fecha! Su energía es 1,1 quintillones (10^18) veces superior a la del Sol, lo que la convierte en uno de los fenómenos más energéticos jamás observados. La supernova se produjo en una galaxia situada a unos 3.600 millones de años luz y fue tan luminosa que eclipsó la luz de la galaxia circundante.

5.13 Origen y destino del universo: ¿Dónde acabará todo?

El origen del Universo

- La opinión científica predominante es que el universo se originó con un "Big Bang" hace aproximadamente 13.800 millones de años, expandiéndose a partir de un único punto extremadamente denso. Esta expansión continúa hoy a un ritmo acelerado.

- Inmediatamente después del Big Bang, el universo existía como una "sopa" sobrecalentada de partículas, con temperaturas que se calcula que alcanzaron unos 10^32 grados Kelvin. En el primer segundo de existencia, el universo se enfrió rápidamente hasta alcanzar una temperatura de unos 10.000 millones de grados Celsius (¡todavía muy caliente!). En comparación, la temperatura en la superficie del Sol es de sólo unos 10.000 grados Fahrenheit (5.600 grados Celsius), mientras que su núcleo alcanza aproximadamente 27 millones de grados Fahrenheit (15 millones de grados Celsius).

- Las temperaturas extremas del universo primitivo facilitaron la creación y aniquilación continuas de partículas como electrones y positrones. Durante los primeros minutos, el universo generó la mayor parte del hidrógeno y el helio que existen hoy en día, junto con trazas de litio. El hidrógeno y el helio son los elementos más abundantes y constituyen aproximadamente el 98% del universo visible.

- En una diminuta fracción de segundo (10^-32 segundos) tras el Big Bang, el universo experimentó un periodo de rápida expansión conocido como inflación cósmica. Durante la inflación, las dimensiones lineales del universo se expandieron en un factor de al menos 10^26, lo que supuso un aumento de volumen de 10^78. Para ponerlo en perspectiva, es como expandir algo tan pequeño como la mitad de la anchura de una molécula de ADN hasta aproximadamente 10,6 años-luz (62,3 billones de millas o 100 billones de kilómetros).

- El periodo que comenzó unos 380.000 años después del Big Bang y duró hasta la formación de las primeras estrellas y galaxias, que se calcula que fue unos 1.000 millones de años después del Big Bang, se conoce como la edad oscura cósmica. Durante esta época, el universo estaba lleno de gas hidrógeno neutro que oscurecía las fuentes de luz. Esto hacía que el universo pareciera oscuro.

- El universo observable tiene unos 93.000 millones de años-luz de diámetro, pero se desconoce su verdadero tamaño. Esto se debe a que no podemos ver más allá del borde del universo observable. Dentro del universo observable, los científicos estiman que hay entre 100.000 millones y un billón de galaxias, y 200.000 millones de billones de estrellas. Comparada con el universo, nuestra Tierra es como un grano de arena perdido en un inmenso desierto.

El fin del universo

- El posible final del universo podría adoptar la forma de una "Gran Congelación", en la que continuaría expandiéndose indefinidamente, o de un "Big Crunch", en el que la gravedad acabaría por volver a unirlo todo. El resultado depende de la densidad del universo y de la cantidad de energía oscura presente.

- El Big Freeze, también conocido como Big Chill o muerte por calor, es una teoría ampliamente aceptada. Propone que el universo se expandirá eternamente, dispersando la energía hasta que todas las regiones alcancen una temperatura uniforme. Esto provocaría el cese de las interacciones entre partículas, dejando el universo en un estado de congelación.

- Es probable que este proceso dure más de un billón de años. Al principio, la formación de estrellas y galaxias se detendría, y las estrellas existentes se quedarían gradualmente sin combustible y dejarían de brillar. A continuación, los agujeros negros consumirían toda la materia restante y el universo entraría en una Era Oscura. En última instancia, el universo alcanzaría un estado de máxima entropía, con todo distribuido uniformemente y sin gradientes de energía que impulsaran nuevos acontecimientos. Imaginemos que el tiempo se convierte en un vacío infinito, en el que prácticamente no ocurre nada debido a la falta de energía en el universo.
- En un escenario diferente, si hay suficiente gravedad, el universo podría acabar colapsando sobre sí mismo, de forma similar a una estrella que colapsa y forma un agujero negro. En última instancia, el universo se reduciría hasta un punto infinitamente pequeño conocido como singularidad, un acontecimiento al que podría seguir otro Big Bang y la formación de un nuevo universo.
- En ambas teorías, se cree que la misteriosa energía oscura es la fuerza impulsora de la expansión acelerada del universo. Sin embargo, si la energía oscura hace que la expansión del universo se acelere demasiado deprisa, podría acabar destrozando el universo, reduciéndolo a sus componentes fundamentales, como los átomos. ¿Cuál crees que será el final de nuestro universo?

Chapter 6

El cerebro misterioso

6.1 Cerebros: Los ordenadores más potentes que hemos conocido

- El cerebro humano es la estructura más compleja conocida en el universo, con unos 86.000 millones de neuronas. Cada neurona puede formar miles de conexiones sinápticas con otras neuronas, creando una vasta red de billones de interconexiones. Esta intrincada red supera con creces la complejidad de los superordenadores más avanzados.

- El cerebro humano posee una extraordinaria capacidad de procesamiento y maneja grandes cantidades de información simultáneamente. Aunque las estimaciones varían, investigaciones recientes sugieren que su potencia de cálculo puede alcanzar el rango de los exaflops (un quintillón, o 10^18 cálculos por segundo), rivalizando o incluso superando la potencia bruta de procesamiento de algunos superordenadores.

- A pesar de tener la potencia de cálculo de un superordenador, el cerebro humano funciona con sólo unos 20 vatios de energía, lo que equivale aproximadamente a la energía necesaria para hacer funcionar una bombilla de luz tenue. En cambio, uno de los superordenadores más potentes del mundo, el Oak Ridge Frontier, puede alcanzar velocidades de cálculo similares al exaflop (10^18 cálculos por segundo), pero necesita 20 megavatios para ello. Esto es un millón de veces más energía de la que utiliza el cerebro.

- El cerebro humano puede almacenar unos 2,5 petabytes de información, lo que equivale a 2,5 millones de gigabytes de memoria digital, o más de 2.500 discos duros de estado sólido (SSD) de 1 TB. Esto es comparable a la cantidad de datos almacenados en la World Wide Web. La capacidad de almacenamiento del cerebro se debe al enorme número de conexiones que tiene, que asciende a 100 billones de conexiones entre sus 100.000 millones de neuronas.

- Aunque parezca mentira, la inmensa mayoría de las neuronas de nuestro cerebro se desarrollan antes de que nazcamos. El punto álgido de la producción de neuronas se produce en las fases medias de la gestación (entre las semanas 5 y 20), durante las cuales nuestro cerebro genera la asombrosa cifra de 50.000 a 100.000 nuevas células nerviosas por segundo. Una vez formadas, las neuronas migran a sus lugares designados en el cerebro y empiezan a diferenciarse en tipos especializados. A continuación, empiezan a formar conexiones entre sí llamadas sinapsis, que son cruciales para la comunicación neuronal.

- A pesar del continuo perfeccionamiento estructural de nuestro cerebro tras el nacimiento, experimentamos una pérdida gradual de neuronas. Los científicos calculan que el número total de neuronas neocorticales disminuye un 9,5% entre los 18 y los 93 años[1] . Esto se traduce en una pérdida media de aproximadamente 85.000 neuronas al día, o aproximadamente una neurona por segundo. Sin embargo, algunas regiones del cerebro, como el hipocampo (responsable de la formación y consolidación de la memoria) y el bulbo olfatorio (implicado en la detección de olores), generan continuamente nuevas neuronas. Los investigadores estiman que el hipocampo produce entre 700 y 1.500 neuronas nuevas al día durante la edad adulta[2] , y es probable que el ejercicio promueva la generación de nuevas neuronas.

6.2 Cerebros masculinos y femeninos: ¿Tienen sexo los cerebros?

- Los cerebros masculino y femenino muestran diferencias tanto en su estructura como en su función. La investigación ha descubierto que los cerebros masculinos son, de media, un 10% más grandes que los femeninos. El científico de Stanford Nirao Shah sugiere que los circuitos neuronales que rigen los comportamientos innatos, como el apareamiento y la crianza de los hijos, están probablemente cableados y muestran variaciones específicas según el sexo.

- Los científicos han descubierto que las mujeres suelen tener un rendimiento superior en diversas medidas de la capacidad verbal, como la comprensión lectora, la capacidad de escritura y la fluidez verbal. La excepción son las analogías verbales, en las que los hombres suelen obtener mejores resultados. Además, las mujeres destacan en pruebas de coordinación motora fina y velocidad perceptiva.

En cambio, los hombres tienen una capacidad visuoespacial superior. Son mejores visualizando la rotación de formas complejas en el espacio, determinando ángulos desde la horizontal, siguiendo objetos en movimiento y apuntando proyectiles.

- Las mujeres suelen ser más hábiles para recuperar información de la memoria a largo plazo y conservan recuerdos emocionales más intensos y vívidos. Tienden a tener recuerdos más ricos y detallados de los acontecimientos emocionales y recuerdan estas experiencias más rápidamente que los hombres. Esta memoria superior para los acontecimientos emocionales puede estar relacionada con diferencias en el funcionamiento de la amígdala. Además, las mujeres tienden a confiar más en los puntos de referencia para la navegación, mientras que los hombres suelen utilizar el "cálculo muerto", estimando su posición en función de la distancia y la dirección recorridas.

- Curiosamente, las investigaciones indican que los niños y las niñas muestran preferencias distintas por los juguetes desde una edad temprana. Por ejemplo, los niños suelen preferir los juguetes con ruedas, mientras que las niñas prefieren los de felpa. Esto sugiere que estas preferencias pueden ser inherentes, en lugar de estar determinadas únicamente por influencias culturales. Cabe destacar que incluso se observan diferencias en la capacidad de visualización espacial en bebés de tan sólo 2 o 3 meses.

- La prevalencia de trastornos cognitivos y neuropsiquiátricos también difiere entre sexos. Por ejemplo, las mujeres tienen el doble de probabilidades de sufrir depresión clínica o trastorno de estrés postraumático (TEPT), mientras que los hombres tienen más probabilidades de desarrollar alcoholismo, drogodependencia o esquizofrenia. Los chicos tienen una tasa de dislexia aproximadamente diez veces mayor y entre cuatro y cinco veces más probabilidades de que se les diagnostique un trastorno del espectro autista .[3]

6.3 Capacidades cerebrales extraordinarias: Más poderosas de lo que creemos

Sinestesia

- El dicho "sé cómo te sientes" puede ser tomado al pie de la letra por personas hiperempáticas con una rara afección llamada sinestesia del tacto en el espejo. Estas personas experimentan la sensación de ser tocadas cuando ven tocar a otra persona. En 2007, los científicos informaron de que una mujer con sinestesia del tacto en el espejo sintió un toque en la mejilla derecha cuando vio que tocaban a alguien que estaba frente a ella, cara a cara, en la mejilla izquierda[4] . Curiosamente, si se colocaba al lado de la persona que estaba siendo tocada, la sensación se producía en el mismo lado que la persona que estaba siendo tocada.

- La sinestesia espejo-tacto puede llegar a un extremo y convertirse en sinestesia espejo-dolor. El Dr. Joel Salinas, que de niño experimentaba la música y los números como colores, puede sentir el dolor de los demás. Cuando era estudiante de medicina, Joel sintió la incisión del bisturí en su propio abdomen al ver a un adolescente en una mesa de operaciones. En 2008, Joel sintió las compresiones torácicas en su propio pecho y el tubo de respiración rozando su garganta cuando presenció el rescate de emergencia de un paciente en parada cardiaca. Cuando el paciente murió, un inquietante silencio y la ausencia de sensaciones le envolvieron[5] . Sin embargo, la sinestesia del tacto en el espejo también ayudó a Joel a darse cuenta rápidamente de las necesidades de los pacientes y a atenderlos mejor.

- Esta afección está relacionada con la actividad de las neuronas espejo, células cerebrales que disparan señales eléctricas no sólo al realizar una acción, sino también al observar la misma acción realizada por otra persona. Los científicos creen que todos nacemos con sinestesia, que disminuye a medida que se podan las conexiones cerebrales innecesarias. En el caso de las personas con sinestesia espejo-táctil, que afecta a alrededor del 1,6% de la población, estas neuronas espejo parecen estar sobrecargadas. Esto apoya la idea de que la empatía se desarrolla simulando mentalmente las experiencias de los demás.

Síndrome de Savant

- El síndrome de Savant es una afección poco frecuente en la que personas con discapacidades del desarrollo, como el autismo, o lesiones cerebrales, muestran habilidades extraordinarias en áreas específicas. Estas habilidades, a menudo denominadas "capacidades de sabio", se manifiestan normalmente en ámbitos como el arte, la memoria, la aritmética, la música o las habilidades espaciales. El tipo más común de sabio es el sabio calendárico, a menudo denominado "calendario humano", que puede calcular con precisión el día de la semana de una fecha determinada. La mejora de la memoria se considera un "superpoder" básico que subyace a estas capacidades. Aunque el síndrome de savant es más frecuente en varones, con una proporción de 6:1 entre hombres y mujeres, se calcula que afecta sólo a una de cada millón de personas. No está clasificado como trastorno mental, pero se cree que surge de la capacidad del cerebro para reorganizarse y compensar deficiencias.

- Daniel Tammet es un escritor y savant inglés nacido el 31 de enero de 1979 y conocido por su extraordinaria capacidad de memoria. Tammet percibe cada número entero positivo hasta 10.000 con formas, colores, texturas y sentimientos únicos, y describe los números con imágenes vívidas. El 289 le parece feo, el 333 atractivo y el pi hermoso. Tiene el récord europeo de recitar pi de memoria hasta 22.514 dígitos en cinco horas. Además, Tammet es políglota y habla once idiomas: inglés, estonio, finés, francés, alemán, lituano, esperanto, español, rumano, islandés y galés. Aprendió islandés conversacional en sólo una semana, algo asombroso teniendo en cuenta la dificultad del idioma.

- Laurence Kim Peek fue un sabio estadounidense nacido el 11 de noviembre de 1951 en Salt Lake City, Utah. Kim era conocido como "megasavant" por su extraordinaria memoria. De niño, Kim se enfrentó a problemas de motricidad. No pudo andar hasta los cuatro años y le costaba tareas como abrocharse la camisa. Sin embargo, a pesar de las dificultades sociales y las anomalías cerebrales congénitas, Kim se hizo famoso como inspiración para el personaje de Raymond Babbitt en la película de 1988 "Rain Man". Su capacidad de memoria era notable; podía memorizar un libro entero en aproximadamente una hora y recordar con precisión el contenido de al menos 12.000 libros. Kim leía libros rápidamente, escaneando las páginas de la izquierda con el ojo izquierdo y las de la derecha con el derecho. Sus excepcionales capacidades se atribuían a conexiones neuronales únicas debidas a la ausencia del cuerpo calloso, una estructura cerebral que conecta los hemisferios cerebrales izquierdo y derecho.

- Stephen Wiltshire, nacido el 24 de abril de 1974, es un artista arquitectónico británico y autista savant conocido por su extraordinaria capacidad para dibujar de memoria detallados paisajes urbanos después de haberlos visto una sola vez. Diagnosticado de autismo a los tres años, Stephen no hablaba en sus primeros años. Su fascinación por dibujar lugares emblemáticos comenzó en torno a los siete años. Su talento le ha llevado a crear detallados dibujos panorámicos de ciudades como Londres, Nueva York, Tokio, Roma, Hong Kong, Fráncfort, Madrid, Dubai y Jerusalén. Una obra notable es su dibujo de Nueva York de 5,5 m de largo, realizado tras un breve viaje de 20 minutos en helicóptero, que abarca Manhattan, la costa del Hudson en Nueva Jersey, el distrito financiero, la isla Ellis, la Estatua de la Libertad y Brooklyn. También realizó un dibujo panorámico de Tokio de 10 m de largo en sólo siete días. En 2006, Stephen fue nombrado Miembro de la Orden del Imperio Británico (MBE) por sus servicios al arte y abrió su galería permanente en el Royal Opera Arcade de Londres.

- Jason D. Padgett, nacido en 1970 en Anchorage, Alaska, es un artista estadounidense diagnosticado de síndrome de savant adquirido. De joven, abandonó los estudios en el Tacoma Community College y trabajó como vendedor para la empresa de futones de su padre. El 13 de septiembre de 2002, tras un brutal ataque a la salida de un bar de karaoke de Tacoma (Washington), Jason sufrió una grave conmoción cerebral. Tras este suceso traumático, empezó a percibir el mundo a través de una lente matemática. El agua aparecía como líneas tangentes y la luz como rayos formados por espirales y líneas. Esta nueva perspectiva le llevó a crear intrincados dibujos geométricos, que le ayudaron a controlar su trastorno obsesivo-compulsivo (TOC) y su trastorno de estrés postraumático (TEPT). Su extraordinaria habilidad llamó la atención del Dr. Darold Treffert, un reputado experto en savantismo, que le diagnosticó síndrome de savant adquirido. Jason es una de las 40 personas en el mundo con esta afección, en la que surgen talentos extraordinarios en matemáticas, arte o música tras una lesión o enfermedad cerebral.

- Derek Amato, nacido el 19 de noviembre de 1966, era entrenador de empresa en Colorado. Su vida cambió radicalmente el 27 de octubre de 2006, cuando se tiró a la piscina en la fiesta de un amigo y se golpeó la cabeza contra el fondo, sufriendo una grave conmoción cerebral y perdiendo parte de la audición en un oído. Sin embargo, pocos días después del accidente, la música inundó su cabeza. Se sentó al piano y empezó a tocar obras maestras, a pesar de que apenas había sido capaz de tocar el instrumento antes de su lesión. En 2007 ganó el premio al Artista Independiente del Año de la Asociación de Artistas Independientes de Los Ángeles y fue llamado "Rainman Beethoven" por su síndrome de savant adquirido.

- Orlando L. Serrell, nacido en 1968, se convirtió en un "savant adquirido" tras un accidente que le cambió la vida el 17 de agosto de 1979. A los diez años, Orlando fue golpeado por una pelota de béisbol en el lado izquierdo de la cabeza y perdió el conocimiento. Cuando recobró el conocimiento, no buscó tratamiento médico. Orlando sufría un dolor de cabeza persistente; sin embargo, al recuperarse, empezó a notar una extraordinaria capacidad para realizar cálculos calendáricos complejos. Podía determinar el día de la semana de cualquier fecha desde el accidente y recordar el tiempo y detalles concretos de cada día. Con el tiempo, su memoria evolucionó hasta convertirse en una memoria hipertimesis, que le permitía recordar incluso los detalles más insignificantes de las actividades cotidianas con una claridad asombrosa. Los científicos que han estudiado las extraordinarias capacidades de Orlando han descubierto que realiza cálculos inconscientes sin memorizar el calendario. La historia de Orlando es un testimonio del increíble potencial del cerebro humano y de cómo puede adaptarse de formas imprevistas tras un trauma.

- Los científicos descubrieron que el fenómeno del síndrome del savant adquirido implica cambios cerebrales específicos. Tras una lesión, el cerebro experimenta un proceso conocido como las "tres erres": reclutamiento, recableado y liberación. Inicialmente, se produce un aumento de la actividad eléctrica en el tejido cerebral sano restante, a menudo en el hemisferio derecho. A continuación, el cerebro forma nuevas conexiones neuronales que unen regiones que antes no estaban conectadas. Este proceso de recableado conduce a la liberación de capacidades latentes, lo que permite a individuos como Jason acceder a habilidades extraordinarias. En apoyo de esta teoría, científicos de la Universidad de Sídney fueron capaces de inducir temporalmente capacidades de tipo savant en los participantes disminuyendo la actividad en el hemisferio izquierdo y aumentándola en el derecho.

- El síndrome del savant adquirido subraya la idea de que nuestros cerebros no son una pizarra en blanco. Más bien, pueden venir preequipados con conocimientos y habilidades inherentes. Los savants pueden acceder a estas predisposiciones innatas, lo que revela el extraordinario potencial del cerebro para la creatividad y la comprensión en la música, el arte y las matemáticas.

Calculadora humana

- Shakuntala Devi (4 de noviembre de 1929 - 21 de abril de 2013) fue una calculadora mental, astróloga y escritora india conocida por su extraordinario talento para el cálculo mental. A pesar de no tener educación formal, mostró notables habilidades aritméticas y fue conocida como la "Computadora Humana". Shakuntala demostró sus dotes de aritmética mental en varios países. En 1977 determinó la raíz 23 de un número de 201 dígitos en sólo 50 segundos en la Universidad Metodista del Sur, superando al programa informático de la Oficina de Estándares de Estados Unidos. También calculó correctamente la raíz cúbica de 61.629.875

y la raíz séptima de 170.859.375 en segundos en la Universidad de California, Berkeley, en 1988. El 18 de junio de 1980, demostró sus excepcionales habilidades multiplicando dos números de 13 cifras seleccionados al azar -7.686.369.774.870 × 2.465.099.745.779- elegidos por el Departamento de Informática del Imperial College de Londres. Proporcionó correctamente la respuesta, 18.947.668.177.995.426.462.773.730, en sólo 28 segundos, lo que quedó registrado en el Libro Guinness de los Récords de 1982.

- Aaryan Shukla, nacido en Maharashtra (India), es un prodigio de 13 años famoso por su extraordinaria capacidad de cálculo mental. Su rapidez en el cálculo mental le valió un récord Guinness en 2024. En el plató de la serie de televisión italiana *Lo Show Dei Record*, Aaryan asombró al público sumando mentalmente 50 números de cinco cifras en sólo 25,19 segundos, una media de una suma cada 0,5 segundos. Mientras los números parpadeaban ante él en una gran pantalla demasiado rápido para que el público pudiera siquiera procesarlos, Aaryan calculó mentalmente el total y dio la respuesta correcta. Aaryan también ganó el prestigioso campeonato de la Copa del Mundo de Cálculo Mental en 2022, celebrado en Paderborn (Alemania). En 2021, a la edad de 10 años, Aaryan saltó a los titulares al ganar medallas de oro en las categorías abierta y junior de la Mind Sports Olympiad (Reino Unido), una intensa competición en línea de 3 horas de duración. Compitiendo contra matemáticos experimentados, Aaryan abordó una serie de problemas desafiantes, como sumar números de 10 cifras, multiplicar números de 7 cifras y extraer raíces cuadradas y cúbicas. Sin lápiz, papel ni calculadora, Aaryan superó constantemente a sus competidores con su asombroso poder mental. Es el calculador humano más joven conocido.

6.4 Misteriosas anomalías cerebrales

Guerrero intrépido

- S.M., conocida como la "paciente sin miedo", es un caso notable en la historia de la medicina debido a su incapacidad para experimentar miedo. En un estudio de 2011, investigadores de la Universidad de Iowa pusieron a prueba la extraordinaria condición de S.M. mediante una serie de escenarios diseñados para provocar miedo[6] . Estas pruebas incluían la exposición a serpientes y arañas vivas, una visita a una de las casas más encantadas del mundo y el visionado de fragmentos de películas terroríficas. A pesar de su aversión expresa a las serpientes, S.M. sostuvo una serpiente e interactuó con ella durante más de tres minutos sin sentir miedo. Tampoco mostró miedo en la casa encantada ni al ver las películas de terror, sino que las encontró emocionantes y entretenidas. En su vida real, S.M. se ha enfrentado a situaciones que ponían en peligro su vida, como ser retenida a punta de navaja por un hombre fuerte en un parque oscuro, pero nunca sintió miedo. Los científicos descubrieron que S.M. tiene lesiones bilaterales en una estructura cerebral llamada amígdala como resultado de una rara afección hereditaria conocida como enfermedad de Urbach-Wiethe. Esta afección, caracterizada por depósitos de calcio en la amígdala, ha provocado una inhibición completa de su respuesta de miedo.

- Sorprendentemente, el deterioro de la amígdala no elimina por completo todas las respuestas de miedo. En un estudio de 2013, los científicos descubrieron que S.M. declaró experimentar miedo por primera vez desde su infancia durante un desafío de inhalación de CO2 al 35%[7] . La inhalación de una alta concentración de CO2 provoca asfixia, una experiencia que también desencadenó un ataque de pánico en S.M. Este fue el primer caso documentado de que S.M. sintiera miedo en cualquier entorno, de laboratorio o no. Los investigadores realizaron la misma prueba en otros dos pacientes que también tenían lesiones en la amígdala debido a la enfermedad de Urbach-Wiethe, y ambos informaron de forma similar haber experimentado miedo durante la prueba de CO2, confirmando los hallazgos.

- El intrépido Jordy. Jordy Cernik, productor británico de radio y televisión, padecía una rara enfermedad llamada síndrome de Cushing, que provoca una producción excesiva de cortisol en el organismo. Desde su diagnóstico inicial en 2005, se sometió a varias operaciones cerebrales para reducir los niveles de cortisol. La última operación, en 2010, le extirpó por completo las glándulas suprarrenales e, inesperadamente, perdió la capacidad de sentir miedo. A pesar de ser una persona miedosa antes de las cirugías, Jordy ya no sentía miedo ni ninguna emoción asociada, como excitación o nerviosismo. Tanto si descendía en rappel por una torre de 127 metros como si se sentaba en un avión abarrotado a 19.000 pies de altura, su ritmo cardíaco permanecía invariable. Mientras que muchos consideran esta intrepidez como un superpoder, Jordy lucha contra la falta de ansiedad por la seguridad de sus hijos y echa de menos la emoción y la alegría de actividades cotidianas como reservar unas vacaciones en familia. Sin embargo, Jordy sigue conectado a su familia a través del amor y atesora los recuerdos que tenía antes de las operaciones.

Vamos, tu sonrisa es falsa

- Sonreímos mucho, y algunas sonrisas son auténticas y otras no. Sin embargo, poca gente sabe que las sonrisas auténticas y las falsas están controladas por diferentes vías neuronales de nuestro cerebro. Una sonrisa genuina está controlada por células de los ganglios basales, que generan expresiones faciales involuntarias. En cambio, una sonrisa forzada o falsa está controlada por la corteza motora, en la parte frontal del cerebro, que produce movimientos voluntarios hábiles. En 1862, el anatomista francés G. B. Duchenne observó que en las sonrisas auténticas interviene el músculo orbicular de los ojos. También suelen mostrar mejillas levantadas, arrugas en forma de patas de gallo y un ligero descenso de las cejas. La sonrisa genuina se conoce ahora como sonrisa de Duchenne.

- Las pruebas que apoyan la existencia de dos circuitos de la sonrisa distintos proceden del estudio de pacientes con daños cerebrales. Por ejemplo, cuando un ictus afecta a la corteza motora derecha (que gobierna el movimiento del lado izquierdo del cuerpo), es posible que un paciente sólo pueda producir una sonrisa parcial en el lado derecho de la cara cuando se le pide que lo haga. Sin embargo, una emoción espontánea y alegre, como ver a un ser querido, desencadenará una sonrisa completa y simétrica porque los ganglios basales, responsables de las sonrisas genuinas, no se ven afectados. Por el contrario, un derrame cerebral que afecte a los ganglios basales de un lado puede permitir a un paciente producir una sonrisa forzada y simétrica a la orden, pero su sonrisa natural aparecerá como una media sonrisa, lo que pone de relieve el daño al circuito emocional de la sonrisa genuina[8] . Estos casos ilustran que nuestros cerebros poseen dos circuitos separados para controlar la sonrisa voluntaria y la emocional.

Cerebro dividido: ¿Ser escindido?

- Nuestro cerebro está dividido en dos hemisferios, izquierdo y derecho, cada uno de los cuales controla el lado opuesto del cuerpo. El hemisferio izquierdo es el principal responsable del lenguaje y el ritmo, mientras que el derecho se ocupa más de tareas no verbales, como reconocer objetos, emociones y melodías. Los dos hemisferios están conectados por un grueso haz de fibras nerviosas llamado cuerpo calloso. En algunos casos de epilepsia grave, el cuerpo calloso se secciona quirúrgicamente para tratar los ataques. Sin embargo, este procedimiento impide que los hemisferios cerebrales se comuniquen correctamente, lo que puede provocar síntomas inusuales de cerebro dividido.

- Una mujer de mediana edad acudió al médico porque, en ocasiones, su mano izquierda actuaba por su cuenta e intentaba estrangularla. A menudo tenía que utilizar la mano derecha para sujetar la izquierda o incluso sentarse sobre ella para detenerla. A pesar de este alarmante comportamiento, parecía normal y no mostraba signos de problemas neurológicos. Al principio se le diagnosticó erróneamente una enfermedad mental o histeria. Sin embargo, un médico descubrió que sus síntomas se debían a daños en el cuerpo calloso. Este daño, probablemente debido a un derrame cerebral, interrumpió las señales inhibitorias normales del hemisferio izquierdo, más lógico, al hemisferio derecho, más emocional. Como resultado, el hemisferio derecho, que controlaba su mano izquierda, dejó de estar bajo control y actuó de forma independiente, mostrando lo que parecían ser tendencias suicidas. Esto provocó que la mano izquierda de la mujer intentara estrangularla de forma aparentemente incontrolable .[8]

- Los investigadores también descubrieron que cuando se muestra un objeto al ojo derecho de un paciente con cerebro escindido (que envía señales al hemisferio izquierdo), el paciente puede nombrarlo fácilmente, ya que el hemisferio izquierdo es dominante para el lenguaje. Sin embargo, cuando se muestra al ojo izquierdo (que envía señales al hemisferio derecho), el paciente no puede describir verbalmente el objeto, pero puede seleccionar el objeto correspondiente con la mano izquierda. En un famoso experimento con un paciente de cerebro dividido llamado "Joe", se le mostró la palabra "Texas" al ojo izquierdo (procesado por el hemisferio derecho). A continuación, su mano izquierda (también controlada por el hemisferio derecho) dibujó un sombrero de vaquero. Sin embargo, cuando se le preguntó a Joe por qué su mano izquierda había dibujado el sombrero, no pudo explicarlo porque su centro del lenguaje (situado en el hemisferio izquierdo) no había recibido ninguna información sobre la palabra .[9]

- En estos casos de pacientes con cerebro dividido, parece como si hubiera dos mentes conscientes separadas dentro del mismo cuerpo, una que gobierna el habla y otra las acciones no verbales, como señalar o dibujar. Estos estudios ilustran cómo distintas regiones del cerebro pueden funcionar de forma independiente cuando no pueden comunicarse entre sí, lo que da lugar a comportamientos fascinantes y a nuevas ideas sobre cómo puede estar dividida nuestra conciencia en el cerebro.

Visión ciega: Observación inconsciente

- Dependemos en gran medida de nuestra visión para percibir el mundo, y alrededor del 90% de la información transmitida a nuestro cerebro procede de la entrada visual. Cuando observamos algo, la luz entra en nuestros ojos y las imágenes se enfocan en la retina, que contiene células fotorreceptoras. Estas células convierten la luz en señales eléctricas y químicas que se transmiten a través del nervio óptico a la corteza visual primaria, situada en el lóbulo occipital, en la parte posterior del cerebro. A continuación, el cerebro procesa estas señales y crea una imagen visual. Cualquier alteración de esta vía visual, incluidos los daños en la retina o la corteza visual, puede provocar ceguera.

- Sin embargo, los médicos se encontraron con pacientes ciegos que mostraban comportamientos inusuales. Un paciente muy estudiado, conocido como DB, sufrió daños en el córtex visual durante una operación cerebral para tratar dolores de cabeza. Aunque sus ojos estaban sanos, DB era incapaz de ver conscientemente nada en la mitad izquierda de su campo visual. Todo lo que había a la izquierda de su nariz era completamente invisible, como si se hubiera corrido una cortina sobre ese lado de su visión. A pesar de creer que no podía ver nada en esa zona, sus acciones sugerían lo contrario. Podía estirar la mano y coger un objeto en su punto ciego, como si le guiara una especie de "segunda vista", aunque no fuera consciente de haberlo visto. Cuando los psicólogos colocaban objetos delante del punto ciego de DB y le pedían que los señalara o determinara su orientación, insistía en que no veía nada. Sin embargo, cuando se le pedía que adivinara, era sorprendentemente preciso la mayoría de las veces, superando con creces el azar[10] . Aunque la visión consciente de DB estaba dañada, su cerebro seguía procesando parte de la información visual de forma subconsciente, lo que le permitía realizar ciertas tareas sin ser consciente de que veía.

- Otro paciente, conocido como TN, perdió completamente la visión tras sufrir dos ictus que dañaron el córtex visual de ambos hemisferios cerebrales. El resultado fue una ceguera total. A pesar de ello, un extraordinario experimento realizado por el equipo de Tamietto y Weiskrantz en 2008 reveló que TN aún poseía una notable capacidad subconsciente para orientarse por su entorno. En el experimento, los investigadores quitaron el bastón a TN y colocaron varios muebles en un largo pasillo, creando obstáculos que podrían hacerle tropezar. A TN se le pidió que caminara por el pasillo y, aunque dijo que no podía ver, se desplazó hábilmente alrededor de los objetos en su primer intento, evitando todos los obstáculos sin chocar con ellos. Para sorpresa de los investigadores, TN afirmó después que era completamente inconsciente de haber visto o evitado los objetos. Creía que simplemente había caminado recto por el pasillo, sin ser consciente de sus movimientos[11] . Este caso demuestra que, aunque TN había perdido toda visión consciente debido a los daños en la corteza visual, otras vías cerebrales fuera de la corteza visual -llamadas vías extraestriadas- seguían funcionando y guiando su comportamiento.

- La investigación sobre los pacientes con ceguera pone de relieve que la conciencia no cuenta toda la historia del funcionamiento de nuestro cerebro. Solemos pensar que tomamos decisiones conscientes, pero nuestro cerebro puede decidir antes de que seamos conscientes. Estos pacientes demuestran que, incluso sin visión consciente, el cerebro puede procesar la información visual y guiar sus acciones. Esto sugiere que nuestra mente subconsciente puede encargarse de tareas complejas, y que la conciencia puede simplemente resumir la información procesada por el cerebro. Estos hallazgos están llevando a los científicos a reconsiderar cómo entendemos la conciencia, y el estudio de pacientes como TN podría ayudar a desvelar los misterios de su verdadera naturaleza.

Miembros fantasma: Existen

- Un miembro fantasma es la experiencia de seguir sintiendo un miembro que ha sido amputado. Puede incluir dolor, presión, picor u otras sensaciones en el miembro amputado. Las sensaciones del miembro fantasma pueden parecer muy reales y es fácil pensar que el miembro sigue ahí. Los pacientes pueden sentir la presencia fantasmal de los dedos de manos y pies, e incluso pueden realizar acciones como estirarse y coger objetos. La sensación de miembro fantasma es una experiencia común que afecta al 90% de los amputados.

- En un sorprendente caso de sensación de miembro fantasma, un paciente al que se había amputado un brazo empezó a experimentar un brazo fantasma poco después de la operación, algo habitual. Sin embargo, al cabo de unas semanas, empezó a sentir una extraña sensación de picor en el miembro fantasma. Curioso por la causa, preguntó a su médico qué había hecho con su brazo amputado, pero éste lo desconocía y le sugirió que se pusiera en contacto con el cirujano. Tras varias llamadas, el paciente descubrió que el brazo amputado había sido enviado al laboratorio de patología en lugar de ser incinerado. Por desgracia, como el laboratorio de patología ya tenía muchos brazos amputados, habían enterrado el brazo del paciente en el jardín que hay detrás del hospital. Cuando el paciente exhumó el brazo, ¡lo encontró infestado de gusanos! Posteriormente, el brazo fue incinerado y la sensación fantasmal de roer desapareció[8] . ¿Indica esto una conexión persistente entre el paciente y su brazo amputado? La respuesta sigue siendo elusiva.

- Además de los miembros fantasma que experimentan los amputados, en raras ocasiones, los pacientes con miembros normales pueden experimentar la presencia de un miembro extra, conocido como miembro fantasma supernumerario (LMS). En un estudio de caso, un paciente varón de 78 años experimentó un SPL tras una hemorragia (sangrado) de los ganglios basales derechos. Tras un repentino dolor de cabeza y debilidad en el lado izquierdo de su cuerpo, una tomografía computarizada reveló una hemorragia cerebral que se extendía hasta el tálamo. El segundo día de hospitalización, el paciente empezó a sentir un brazo fantasma junto a su brazo izquierdo paralizado. No podía ver ni tocar este brazo pero lo sentía vívidamente, informando que se parecía á su brazo real en tamaño y forma. La sensación del brazo fantasma era constante y no le afectaba cerrar los ojos o mirar a su brazo real. Curiosamente, el paciente podía mover el brazo fantasma voluntariamente, incluso agitarlo, agarrarlo y tocar objetos, con una fuerza comparable a la de su brazo derecho sano. Sin embargo, no podía extender mucho el brazo fantasma ni sentir los guantes colocados en su mano izquierda real cuando intentaba sentirlos con el fantasma. El paciente no experimentó ningún dolor ni molestia ni en su brazo real parético ni en el brazo fantasma. Su brazo fantasma desapareció al cabo de 3 semanas .[12]

- Los científicos descubrieron más tarde que las sensaciones del miembro fantasma surgen en las personas amputadas a través de un proceso denominado reasignación cortical en el cerebro. Tras una amputación, el cerebro deja de recibir información sensorial del miembro amputado. Sin embargo, las áreas cerebrales que antes controlaban el miembro no permanecen inactivas. En lugar de ello, estas regiones son "ocupadas" por otras cercanas en el mapa sensorial del cerebro. En el caso de un paciente llamado Tom, las sensaciones de la mano que le faltaba se activaban al tocar ciertas partes de su cuerpo, como la cara o el brazo[8] . Esto ocurría porque las áreas sensoriales de la cara y la parte superior del brazo están situadas junto al área de la mano en el córtex sensorial del cerebro. Tras la amputación, los nervios sensoriales que normalmente activaban la cara o la parte superior del brazo empezaron a "invadir" la zona vacía de la mano en el cerebro. Este proceso de reasignación provocó que las sensaciones táctiles de la cara o la parte superior del brazo se "sintieran" en la mano ausente, creando una sensación de miembro fantasma.

- Curiosamente, los médicos han descubierto que los espejos a veces pueden aliviar el molesto dolor del miembro fantasma, sobre todo después de una amputación de mano o brazo. Colocando un espejo que refleje el miembro sano del paciente y haciendo que éste lo mueva, se crea la ilusión de que el miembro fantasma también se mueve. Esta técnica engaña al cerebro para que perciba el miembro ausente como si estuviera presente, lo que proporciona una respuesta positiva al córtex motor y ayuda a reducir el dolor. Recientemente se han desarrollado otros enfoques, como la rehabilitación multisensorial cognitiva (RMC), para ayudar a restaurar la representación multisensorial del cuerpo y reducir el dolor del miembro fantasma en pacientes .[13]

El hombre sin memoria

- H.M. (1926-2008) es uno de los casos más famosos de la neurociencia para la investigación de la memoria. A los 7 años, H.M. sufrió un accidente de bicicleta que le provocó una epilepsia grave. A los 27 años, sus ataques eran tan debilitantes que ya no podía llevar una vida normal. En 1953 se sometió a una operación cerebral experimental para controlar sus graves crisis. Se le extirparon partes importantes del lóbulo temporal, incluidos ambos lados de una estructura cerebral llamada hipocampo. Aunque la operación consiguió reducir sus convulsiones, los médicos descubrieron que H.M. había perdido la capacidad de formar nuevos recuerdos a largo plazo, una afección conocida como amnesia anterógrada. H.M. sólo podía recordar acontecimientos anteriores a la operación, mientras que su memoria a corto plazo (como recordar un número de teléfono para hacer una llamada) y su memoria procedimental (que interviene en el aprendizaje de habilidades como montar en bicicleta) permanecían intactas. Sorprendentemente, H.M. aún podía resolver crucigramas utilizando los conocimientos que había adquirido antes de la operación en 1953. El caso de H.M. permitió comprender el papel del hipocampo en la formación de la memoria.

- En cambio, otros casos de pacientes demuestran que la pérdida de memoria también puede ser retrógrada, es decir, la pérdida de recuerdos más antiguos. Un caso notable es el de S.B., ex jugador de la NFL que sufrió un traumatismo craneal en 2008 tras resbalarse en un baño. La lesión provocó la pérdida casi total de sus recuerdos anteriores al incidente, un trastorno conocido como amnesia retrógrada. Fue incapaz de recordar 46 años de su vida, incluida su identidad, su mujer, sus hijos y su carrera. Incluso perdió la comprensión de la palabra "esposa" y no recordaba acontecimientos importantes de su vida, como su carrera futbolística o el nacimiento de sus hijos. No podía reconocer a su familia ni su casa e incluso olvidó cómo arrancar su coche. Con el tiempo, S.B. ha podido reconstruir su pasado a través de historias y fotos compartidas por su esposa y amigos, pero sigue siendo incapaz de recuperar totalmente sus recuerdos. Los médicos determinaron que su cerebro no tenía flujo sanguíneo al lóbulo temporal derecho (donde se encuentra el hipocampo), una zona clave para el almacenamiento de la memoria, por lo que su estado era probablemente irreversible[14]. A diferencia de la amnesia anterógrada, en la que no se pueden formar nuevos recuerdos, S.B. puede crear nuevos recuerdos pero no puede recordar la mayor parte de su vida pasada.

- Gracias a estos pacientes, los científicos han podido descubrir las regiones cerebrales críticas para la formación y recuperación de la memoria. Ahora sabemos que los daños en el lóbulo temporal medial del cerebro, sobre todo en el hipocampo, son los principales responsables tanto de la amnesia anterógrada como de la retrógrada, ya que esta región es fundamental para la consolidación y recuperación de la memoria. En la amnesia anterógrada, en la que los pacientes no pueden formar nuevos recuerdos después de que se produzca el daño cerebral, el deterioro está más fuertemente vinculado al propio hipocampo. Sin embargo, en la amnesia retrógrada, en la que los pacientes pierden recuerdos anteriores a la lesión cerebral, el daño puede encontrarse en zonas circundantes del lóbulo temporal medial, como la circunvolución parahipocampal.

- De hecho, la pérdida de memoria es más común de lo que creemos. Es frecuente en los adultos mayores y en los pacientes con demencia (como los que padecen la enfermedad de Alzheimer). Se calcula que el 40% de las personas mayores de 65 años y casi todos los enfermos de Alzheimer experimentan algún tipo de pérdida de memoria. Sin embargo, los científicos proponen que, en estos casos, los recuerdos no se pierden realmente, sino que perdemos la capacidad de recuperarlos. Si este es el caso, ¿hay alguna forma de recuperar el acceso a estos recuerdos?

- Estudios recientes sugieren que esto es posible. En 2015, neurocientíficos del MIT descubrieron que los recuerdos "perdidos" por amnesia pueden reactivarse con luz, mediante una técnica llamada optogenética. El equipo del MIT, dirigido por Susumu Tonegawa, utilizó la optogenética para manipular neuronas con luz. Demostraron que los recuerdos se almacenan en grupos de células cerebrales denominadas células engramas de la memoria, que sufren cambios físicos o químicos cuando se forma un recuerdo. Los investigadores demostraron que, aunque estas células de la memoria siguen presentes en los sujetos amnésicos, éstos no pueden evocar los recuerdos de forma natural sin el refuerzo sináptico necesario, conocido como potenciación a largo plazo (LTP). El equipo experimentó con ratones, bloqueando la LTP con un fármaco llamado anisomicina para impedir la consolidación de la memoria después de que los ratones formaran nuevos recuerdos. Sin embargo, cuando los científicos activaron las células engramadas directamente con luz, los ratones recuperaron por completo el recuerdo, demostrando que no se había perdido, sino que era inaccesible[15] . Esta investigación pionera aborda un antiguo debate neurocientífico sobre la amnesia y demuestra que es posible tratar la pérdida de memoria si se dispone de los desencadenantes adecuados.

Lóbulo frontal y personalidad: Ya no es él mismo

- Phineas Gage (1823-1860), trabajador ferroviario estadounidense, sufrió una lesión cerebral traumática en 1848, a la edad de 25 años. La lesión se produjo mientras Gage preparaba explosivos para la construcción del ferrocarril. Una chispa prendió la pólvora y una barra de hierro le atravesó la mejilla izquierda, detrás del ojo izquierdo, y salió por la parte superior del cráneo, causándole importantes daños en el lóbulo frontal izquierdo. Aunque Gage sobrevivió a la lesión y conservó la memoria y la inteligencia en general, su personalidad y su comportamiento sufrieron una drástica transformación. Antes del accidente, era conocido por ser responsable, trabajador y querido. Sin embargo, después se volvió impulsivo, irreverente y propenso a comportamientos inapropiados, lo que llevó a sus amigos a comentar que "ya no era Gage". A pesar de la gravedad de su lesión, Gage vivió otros 12 años, e incluso trabajó como conductor de diligencias en Chile. Su cráneo y la barra de hierro están ahora expuestos en la Universidad de Harvard. El caso de Gage sigue siendo uno de los más célebres de la neurociencia y la psicología, ya que su lesión aportó datos cruciales sobre el papel del lóbulo frontal en la toma de decisiones, la regulación emocional y el comportamiento social.

- Nuestra comprensión del papel del lóbulo frontal en la personalidad también procede de la práctica de la lobotomía. La lobotomía es un procedimiento quirúrgico que corta las conexiones entre el lóbulo frontal y el tálamo. Antiguamente se utilizaba para tratar enfermedades mentales que no respondían a los tratamientos habituales, como el trastorno obsesivo-compulsivo (TOC), la enfermedad depresiva grave, la psicosis, la esquizofrenia, la psicosis maníaco-depresiva (ahora denominada trastorno bipolar), la neurosis crónica y la personalidad psicopática. La idea era que desconectando las partes "hiperactivas" del cerebro, los médicos podían reducir síntomas como la ansiedad, los cambios de humor y la agresividad. Pionera en las décadas de 1930 y 1940, la lobotomía se practicó habitualmente a mediados del siglo XX. Sin embargo, pronto suscitó críticas por causar efectos secundarios graves y a menudo irreversibles, como cambios profundos en la personalidad y el funcionamiento intelectual de los pacientes. Tras la introducción del primer medicamento antipsicótico, la clorpromazina (desarrollada inicialmente como "tranquilizante"), en 1951, el número de lobotomías realizadas disminuyó drásticamente antes de que el procedimiento se abandonara en gran medida.

- El caso de Howard Dully ejemplifica las posibles repercusiones negativas de la lobotomía. Howard Dully fue sometido a una lobotomía transorbital a los 12 años, en 1960. El Dr. Freeman llevó a cabo la operación, que fue bastante controvertida porque Dully no estaba diagnosticado de una enfermedad mental grave; su madrastra lo describió como difícil de manejar. Su madrastra lo describió como un niño difícil de manejar, alegando que era desafiante, y Freeman accedió a la operación, a pesar de que Dully no cumplía los criterios típicos para una cirugía tan drástica. La lobotomía afectó al córtex prefrontal de Dully, la región del cerebro responsable de la toma de decisiones, la regulación emocional y el control de los impulsos. Al cortar las conexiones de esta zona, la operación pretendía "calmarlo", pero tuvo repercusiones duraderas. Tras la operación, Dully experimentó insensibilidad emocional y falta de compromiso con el mundo. Sufrió un deterioro de la función cognitiva, incluidas dificultades de concentración y pensamiento crítico. Además, le costaba entablar relaciones y su comportamiento social se volvió impredecible[16] . Dully se enfrentó a problemas de alcoholismo, falta de vivienda y depresión. Sin embargo, con el tiempo, demostró una notable capacidad de recuperación y consiguió gradualmente una mayor estabilidad en su vida. Más tarde, Dully documentó sus experiencias en sus memorias, "*Mi lobotomía*", con el objetivo de educar a otros sobre los riesgos de la psicocirugía y abogar por una mejor atención de la salud mental.

- Nuestro conocimiento actual del lóbulo frontal nos ayuda a comprender mejor el desarrollo emocional y el comportamiento de los adolescentes. Los adolescentes son especialmente propensos a comportamientos de riesgo como la conducción peligrosa, el consumo de drogas y las adicciones. La investigación ha demostrado que el cerebro adolescente, especialmente el lóbulo frontal, se desarrolla lentamente. Este retraso en el desarrollo, unido a la maduración más temprana de los centros de recompensa del cerebro, ayuda a explicar el comportamiento impulsivo de los adolescentes. El lóbulo frontal desempeña un papel crucial en la toma de decisiones y la evaluación de riesgos; su desarrollo más lento significa que los adolescentes son biológicamente más sensibles a la búsqueda de placer, al tiempo que tienen una capacidad limitada para comprender plenamente los riesgos potenciales. Los estudios indican que el cerebro de los adolescentes sólo está desarrollado en un 80% aproximadamente, y que algunas regiones no alcanzan la madurez plena hasta alrededor de los 30 años[17] . Este calendario de desarrollo desigual contribuye a las dificultades de los adolescentes para planificar y evaluar los riesgos. Como padres y educadores, es importante educar a los adolescentes sobre el desarrollo de su cerebro para ayudarles a entender su comportamiento, reconocer patrones poco saludables y ser conscientes de las posibles señales de advertencia de problemas más graves.

Síndrome de Hemineglect: Comer sólo la mitad derecha del plato

- A.B. sufrió un ictus el 5 de noviembre de 2007, y su vida cambió por completo a partir de entonces. Tras el ictus, empezó a ignorar involuntariamente los objetos, las personas y los sonidos que aparecían en su lado izquierdo. Cuando camina, se desvía hacia la derecha, rozando paredes y setos, aparentemente ajeno a los peligros potenciales de su izquierda. Es incapaz de salir solo debido a esta falta de conciencia de la izquierda. Su negligencia visual afecta incluso a las tareas más sencillas: se afeita sólo el lado derecho de la cara, deja la comida sin tocar en el lado izquierdo del plato y pinta sólo la mitad de los objetos de sus obras de arte, como un cerdo al que le falta la mitad de la cabeza o un petirrojo con detalles sólo a la derecha. En una prueba, marcó el centro de una línea de 25 cm a sólo 2 cm del borde derecho, como si desconociera la mitad izquierda de la línea. Incluso con la práctica, su capacidad para corregir esto sólo ha mejorado ligeramente .[18]

- Los médicos descubrieron que el ictus de A.B. había dañado su lóbulo parietal derecho, una región del cerebro situada en la parte superior y posterior de la cabeza responsable del control de la atención. Curiosamente, la visión de A.B. permanecía intacta; su visión izquierda funcionaba perfectamente, pero su cerebro simplemente no la "atendía". Esta afección se conoce ahora como heminegligencia (también denominada negligencia unilateral o espacial) y suele producirse por daños en el lóbulo parietal, a menudo debidos a un ictus. Una característica clave de la negligencia hemispacial, que muestra A.B., es la falta de conciencia del déficit en el lado izquierdo. Cuando se le pide que se centre en el lado desatendido, no comprende lo que le falta, ya que su cerebro no registra la ausencia. Esta falta de conciencia hace que el trastorno sea especialmente complejo y difícil.

- Los daños en el lóbulo parietal derecho son los más frecuentes y provocan el descuido del lado izquierdo del espacio. Esto se debe a que el hemisferio derecho del cerebro, en particular el lóbulo parietal derecho, es responsable de atender a ambos lados del espacio. En cambio, el lóbulo parietal izquierdo se centra principalmente en el lado derecho del espacio, posiblemente debido a su gran implicación en la comprensión del lenguaje. Cuando se daña el lóbulo parietal derecho, el cerebro pierde su capacidad de atender al lado izquierdo, mientras que el lóbulo parietal izquierdo sigue atendiendo al derecho. Esta asimetría explica por qué la negligencia del lado izquierdo (resultante de un daño en el parietal derecho) es más común y grave que la negligencia del lado derecho (resultante de un daño en el parietal izquierdo), ya que el hemisferio derecho intacto puede compensar atendiendo a ambos lados cuando el lóbulo parietal izquierdo está dañado.

- Los pacientes con heminegligencia pueden mostrar comportamientos sorprendentes e inesperados en situaciones extremas. Por ejemplo, aunque normalmente ignoran los objetos o las personas de su lado izquierdo, pueden reaccionar cuando ocurre algo significativo en ese espacio. Un hombre con heminegligencia, que normalmente ignoraba su lado izquierdo, evitó constantemente chocar con un gatito que jugaba cerca de la rueda izquierda de su silla de ruedas, a pesar de que nunca reconoció verbalmente la presencia del gatito[19] . Además, aunque estos pacientes suelen experimentar debilidad en las extremidades del lado izquierdo, a veces pueden utilizarlas espontáneamente. Por ejemplo, aunque les cueste levantar el brazo izquierdo, ¡pueden utilizarlo inconscientemente para espantar una mosca de la cara! Estas acciones demuestran que, aunque la heminegligencia afecta a la conciencia, los pacientes pueden reaccionar a los estímulos de su lado desatendido en determinadas condiciones, de forma similar a los invidentes.

- Científicos y médicos han estado estudiando formas de reducir el sesgo del lado derecho en pacientes con heminegligencia. Un estudio ha descubierto que la motivación puede mejorar el rendimiento de estos pacientes. En un experimento, se pidió a los pacientes que marcaran monedas o botones en una página desordenada. Cuando se les ofreció una recompensa económica por rodear monedas durante una segunda prueba, los pacientes mostraron una mejora significativa en la tarea de las monedas, pero no en la de los botones, que no tenía recompensa asociada[18] . Esto sugiere que los incentivos pueden ser una herramienta útil en la rehabilitación del ictus.

Vivir sin cerebro

- En un extraordinario estudio publicado en 2007 en la revista Lancet, los médicos relataron el insólito caso de un funcionario francés de 44 años que llevaba una vida normal a pesar de tener una cantidad extremadamente pequeña de tejido cerebral. Tras experimentar debilidad en la pierna izquierda durante dos semanas, el paciente acudió al hospital. Sorprendentemente, los escáneres cerebrales revelaron una enorme cavidad llena de líquido que ocupaba la mayor parte de su cráneo, con un agrandamiento significativo de los ventrículos lateral, tercero y cuarto. Estas cámaras del cerebro normalmente hacen circular líquido cefalorraquídeo, que luego se drena. Sin embargo, en el caso de este hombre, el líquido se acumuló, causando una afección conocida como hidrocefalia. A pesar de la ausencia de la mayor parte de su tejido cerebral, el hombre llevaba una vida normal: estaba casado, tenía dos hijos y un coeficiente intelectual de 75 que, aunque inferior a la media, no se clasificaba como discapacidad mental[20] . El caso sorprendió a los médicos, pues ilustraba la extraordinaria capacidad del cerebro para adaptarse y mantener funciones vitales esenciales.

- Éste no fue ni mucho menos el primer caso de un paciente que sobrevivía sin una estructura cerebral normal. En 1980, un artículo de Science titulado "¿Es realmente necesario su cerebro?" describía un caso extraordinario estudiado por el profesor de neurología Dr. John Lorber en la Universidad de Sheffield. Un brillante estudiante de matemáticas, con un coeficiente intelectual de 126, fue remitido a Lorber después de que el médico de su campus observara que su cabeza era ligeramente más grande de lo habitual. Un escáner TAC reveló que el estudiante casi no tenía tejido cerebral: sólo quedaban menos de 0,04 pulgadas (1 milímetro) de materia cerebral en lugar de las 1,77 pulgadas (45 milímetros) típicas de un adulto normal[21] . Al igual que en el caso anterior, el estudiante padecía hidrocefalia, una afección en la que el líquido cefalorraquídeo se acumula en el interior del cráneo en lugar de circular y drenar correctamente. Sin embargo, a pesar de esta afección, que suele ser mortal en la primera infancia, el estudiante llevaba una vida normal e incluso se graduó con matrícula de honor en matemáticas. Este caso desafió la comprensión convencional de la función cerebral, poniendo de relieve la extraordinaria capacidad de adaptación del cerebro.

- El caso más llamativo es el de Trevor Judge Waltrip, un niño que nació sin cerebro y falleció en 2014 a los 12 años. Trevor nació en la Nochebuena de 2001 con hidranencefalia, una enfermedad rara en la que los hemisferios cerebrales del cerebro están completamente ausentes y son sustituidos por sacos llenos de líquido cefalorraquídeo. Sólo tenía tronco encefálico, lo que le permitía respirar, mantener el ritmo cardiaco y responder a algunos estímulos, aunque era ciego e incapaz de comunicarse verbalmente. A pesar de que los médicos predijeron que no sobreviviría más de 12 semanas, Trevor desafió las probabilidades y vivió 12 años[22] . Su madre observó que estaba alerta, no le gustaba estar solo y era capaz de percibir su entorno. La enfermedad de Trevor no tenía cura conocida y necesitaba una sonda de alimentación y fisioterapia. El caso de Trevor llevó a los científicos a reconsiderar el papel del cerebro en nuestras vidas, planteando profundas cuestiones sobre los componentes esenciales de la conciencia humana.

Conscientemente Vegetativo: Sé lo que pasa

- En 2024, un sorprendente estudio publicado en el New England Journal of Medicine reveló que al menos el 25% de las personas con lesiones cerebrales graves que parecen no responder físicamente son en realidad conscientes de su entorno. Este avance desafía las suposiciones previas sobre la consciencia en pacientes vegetativos y pone de relieve el fenómeno conocido como disociación cognitiva motora, en el que las personas pueden responder mentalmente pero no físicamente. En este estudio multicéntrico participaron seis centros médicos de cuatro países: Bélgica, Francia, Reino Unido y Estados Unidos. Mediante técnicas avanzadas de imagen cerebral, como la resonancia magnética funcional (RMf) y la electroencefalografía (EEG), los investigadores midieron la actividad cerebral en respuesta a tareas mentales, como imaginar que se jugaba al tenis. A pesar de ser incapaces de responder físicamente, alrededor de una cuarta parte de los 241 pacientes vegetativos mostraron una actividad cerebral constante durante estos ejercicios, lo que indicaba que podían oír y comprender órdenes[23] . El estudio subraya la importancia de reevaluar las estrategias de tratamiento y las decisiones éticas relativas al soporte vital de los pacientes con lesiones cerebrales. Los científicos sugieren que las interfaces cerebro-ordenador (BCI) podrían permitir a estos pacientes comunicarse mejor con su entorno.

- No era la primera vez que los científicos descubrían que pacientes presuntamente inconscientes podían responder a órdenes y estímulos. En 2010, un estudio dirigido por el Dr. Adrian Owen, de la Universidad de Cambridge y la Universidad de Lieja (Bélgica), se centró en un hombre de 29 años que llevaba siete en estado vegetativo tras sufrir una lesión cerebral traumática por un accidente de tráfico. Aunque no mostraba signos externos de consciencia, los médicos se sorprendieron al descubrir que podía comunicarse a través de la actividad cerebral monitorizada por un escáner de IRMf (resonancia magnética funcional). Utilizando una técnica innovadora, los médicos indicaron al paciente que pensara en jugar al tenis para indicar "sí" y que se imaginara paseando por su casa para indicar "no". El paciente pudo responder con precisión a una serie de preguntas sobre su familia generando la actividad cerebral correspondiente[24] . Este descubrimiento pionero reveló que el paciente no se encontraba en estado vegetativo, sino que tenía una mente plenamente funcional atrapada en un cuerpo que no respondía.

- En 2006, otro estudio del equipo del Dr. Owen se centró en una mujer de 23 años que llevaba cinco meses en estado vegetativo tras un accidente de coche. Mediante resonancia magnética funcional (RMf), los investigadores descubrieron que la mujer podía responder a órdenes activando regiones cerebrales específicas cuando se le pedía que imaginara que jugaba al tenis o paseaba por su casa. Su actividad cerebral era similar a la de voluntarios sanos que realizaban las mismas tareas, lo que indicaba que podía entender y seguir instrucciones habladas a pesar de ser incapaz de comunicarse mediante el habla o el movimiento[25] . Los investigadores concluyeron que la mujer era consciente de sí misma y de lo que la rodeaba, aunque pareciera encontrarse en estado vegetativo.

- Estos estudios impulsaron a los científicos a reexaminar la definición de conciencia y la forma de evaluarla, sobre todo en pacientes con lesiones cerebrales graves. Pusieron en tela de juicio la interpretación tradicional de los estados vegetativos, sugiriendo que un número significativo de pacientes podría poseer conciencia pero carecer de la capacidad de expresarla. En concreto, el equipo del Dr. Owen descubrió que cuatro de los 23 pacientes evaluados mostraban actividad cerebral detectable, lo que implica que hasta uno de cada cinco pacientes diagnosticados como vegetativos podría ser consciente. Estos hallazgos tienen implicaciones de gran alcance para el campo de la medicina, ya que ponen de relieve la necesidad de mejorar las herramientas de diagnóstico y ofrecen la esperanza de que estos pacientes puedan algún día comunicar sus pensamientos y sentimientos de forma más directa.

El síndrome de Alicia en el País de las Maravillas: Mi cabeza es tan grande

- El síndrome de Alicia en el País de las Maravillas (AIWS) es una afección neurológica caracterizada por graves distorsiones en la percepción del tamaño, la forma y el espacio del cuerpo del paciente. Estas distorsiones suelen asociarse a migrañas, epilepsia u otros trastornos cerebrales. El síndrome, bautizado por el psiquiatra John Todd en 1955, debe su nombre a *Alicia en el País de las Maravillas*, de Lewis Carroll, debido a las similitudes entre los síntomas del trastorno y las distorsiones surrealistas del tamaño descritas en el libro. Los primeros informes médicos sobre alucinaciones similares se remontan a 1904, cuando los pacientes percibían objetos o partes del cuerpo mucho más grandes o pequeños de lo que eran en realidad. Estas alucinaciones solían ser breves e inofensivas, pero podían persistir y causar desorientación.

- En un caso, una secretaria de 23 años experimentó una sensación perturbadora durante unas migrañas intensas en las que su cabeza parecía crecer hasta alcanzar un tamaño enorme y flotar hacia el techo, aunque seguía estando segura de que seguía unida a su cuello. Tras estos episodios, se sintió inusualmente alta y creyó que se elevaba por encima de la gente cuando caminaba por la calle, pero se sorprendió al ver su reflejo real, que mostraba su estatura normal de menos de metro y medio. Este caso pone de manifiesto la asombrosa desconexión entre la imagen corporal que percibía y la realidad, que le provocaba intensos sentimientos de desorientación y miedo.

- En otro caso, un ama de casa de 38 años declaró que, durante las migrañas, algunas partes de su cuerpo parecían crecer o distorsionarse; por ejemplo, el cuello se alargaba, o la cadera o el costado parecían expandirse. Ocasionalmente, tenía la sensación de que se había encogido hasta medir unos treinta centímetros. Aunque podía racionalizar que sus percepciones eran falsas mirándose en un espejo, la intensidad de las distorsiones era inquietante y subrayaba la profunda desconexión entre la percepción visual y la realidad corporal en el AIWS.

- El AIWS es una enfermedad rara, con menos de 200 casos registrados en la literatura médica desde su denominación en 1955. Aunque es más frecuente en niños, con una edad media de aparición en torno a los nueve años, y suele asociarse a migrañas, el AIWS también puede afectar a adultos. Aproximadamente el 15% de los adultos que padecen migrañas experimentan los síntomas del AIWS. Otros factores desencadenantes son infecciones como el virus de Epstein-Barr (que puede provocar encefalitis), tumores cerebrales, hemorragias cerebrales, accidentes cerebrovasculares, escarlatina, esquizofrenia y privación sensorial. En raras ocasiones, el AIWS se ha relacionado con la hipnoterapia y los estados alterados de conciencia, como los estados hipnagógicos o hipnopómpicos.

- El AIWS permaneció en gran medida oculto hasta que los recientes avances en neuroimagen ayudaron a los científicos a investigar la relación entre la actividad cerebral y la percepción. La investigación ha revelado que el AIWS es un trastorno perceptivo vinculado a una actividad cerebral anormal, sobre todo en las regiones responsables del procesamiento de la información sensorial, como los lóbulos parietal, occipital y temporal. Las alteraciones en estas áreas pueden conducir a una percepción visual y corporal distorsionada, afectando al modo en que los pacientes perciben su propio cuerpo y el mundo que les rodea. Por ejemplo, las migrañas y la epilepsia pueden alterar el flujo sanguíneo o la actividad eléctrica en el cerebro, provocando una interpretación errónea de las entradas sensoriales, lo que da lugar a las extrañas distorsiones espaciales y de tamaño características del AIWS . [26]

Anosognosia: ¿Qué quieres decir? ¡Me va muy bien!

- La Sra. Dodds, paciente que sufrió un derrame cerebral, sufrió una parálisis en el lado izquierdo de su cuerpo debido a daños en el hemisferio derecho de su cerebro. A pesar de ello, presentaba anosognosia, un trastorno caracterizado por la falta de conciencia o negación de su parálisis. Aunque mentalmente lúcida y consciente de su ictus, la Sra. Dodds insistía en que podía andar y utilizar ambas manos, a pesar de que su lado izquierdo permanecía inmóvil. Cuando se le pedía que realizara tareas como tocar la nariz del médico o aplaudir, afirmaba haberlas completado, aunque su brazo izquierdo permanecía inmóvil. En casos extremos, los pacientes como la Sra. Dodds pueden confabular, imaginando que mueven un miembro paralizado y creyendo realmente que están realizando tareas. Cuando el médico ofreció a la Sra. Dodds una pequeña recompensa por realizar una tarea con una mano (enhebrar una bombilla) o una recompensa mayor por realizar una tarea con dos manos (atarse los cordones de los zapatos), la Sra. Dodds eligió sistemáticamente la tarea con dos manos. A continuación, se esforzaba por atarse los cordones con la mano derecha, sin darse cuenta de sus limitaciones. Cuando más tarde se le preguntaba, afirmaba con confianza que había atado los cordones de los zapatos "con las dos manos".[8]

- En un principio, los neurólogos consideraron que el caso de la Sra. Dodds estaba relacionado con la heminegligencia, una afección en la que los pacientes ignoran el lado izquierdo de su cuerpo y su entorno debido a daños en el hemisferio derecho del cerebro (como ya se ha comentado). Sin embargo, cuando los médicos "paralizaron" temporalmente el brazo derecho sano de una paciente negada llamada Betty, surgieron resultados sorprendentes. A Betty le pidieron que moviera la mano derecha en una caja de espejos, mientras el espejo mostraba el reflejo de la mano inmóvil de un asistente oculto. A pesar de ver la mano inmóvil en su lado derecho, Betty insistió en que veía una mano en movimiento. Esto sugería que los pacientes con negación difieren de los que padecen heminegligencia, que sólo afecta al lado izquierdo pero no al derecho. Curiosamente, los pacientes con anosognosia pueden negar selectivamente la parálisis pero reconocer otras afecciones médicas, como la diabetes, lo que indica que la anosognosia no es una negación global de todas las afecciones sino más bien específica de la percepción corporal.

- Sin embargo, a veces los médicos pueden utilizar estrategias para ayudar a los pacientes con anosognosia a reconocer su parálisis. Por ejemplo, en el caso de una paciente llamada Nancy, los médicos abordaron su negación de la parálisis mediante un curioso experimento psicológico. Al igual que otras personas con anosognosia, Nancy no era consciente de la parálisis de su brazo izquierdo. Para investigar si su negación podía superarse modificando su sistema de creencias, el médico realizó un examen neurológico informal y simuló inyectarle en el brazo izquierdo un anestésico "paralizante" (que en realidad era sólo una solución salina). Tras la inyección, le preguntaron si podía mover el brazo izquierdo y, para sorpresa del médico, admitió que no se movía, reconociendo por primera vez su parálisis. Para descartar la posibilidad de que se debiera simplemente a la influencia persuasiva del médico o a una sugestión hipnótica, se repitió el procedimiento en su brazo derecho (sano). Cuando se le preguntó si podía mover el brazo derecho después de la "inyección", Nancy confirmó que funcionaba con normalidad, ¡sin mostrar ningún efecto de la inyección placebo! Curiosamente, cuando más tarde se pregunta a pacientes como Nancy si alguna vez negaron su parálisis, insisten en que nunca lo hicieron, como si hubieran reprimido su memoria de negación anterior. Esto sugiere que la negación asociada a la anosognosia puede estar profundamente arraigada en el sistema de creencias del paciente, pero puede verse influida temporalmente por factores externos, como este simulacro de inyección.

- Gracias a los avances de la tecnología de neuroimagen, científicos y médicos comprenden ahora las regiones cerebrales afectadas en pacientes con anosognosia. La anosognosia por hemiparesia, o desconocimiento de la parálisis, suele producirse tras grandes lesiones en el hemisferio derecho del cerebro, pero también puede ser consecuencia de lesiones más pequeñas en el área parietal derecha. Aunque a menudo coexiste con otros síndromes de negligencia, es una afección distinta. La anosognosia surge de un daño en la capacidad del cerebro para conciliar las discrepancias en la información sensorial relacionada con la imagen corporal, independientemente de si la parte del cuerpo afectada está en el lado izquierdo o en el derecho. Las investigaciones sugieren que el hemisferio izquierdo tiende a pasar por alto estas discrepancias, mientras que el derecho está más atento a las incoherencias y alteraciones. Por lo tanto, cuando se daña el área parietal derecha, el hemisferio izquierdo toma el control e induce al paciente a creer que su imagen corporal permanece inalterada y saludable.

El delirio de Capgras: Mis padres son impostores

- Arthur iba al colegio en Santa Bárbara cuando tuvo un accidente que le cambió la vida. Su coche chocó con tal fuerza que su cabeza golpeó el parabrisas, dejándole en coma durante tres semanas. Cuando recobró el conocimiento, se sometió a una rehabilitación exhaustiva que le permitió recuperar el habla, la movilidad y la memoria. Aunque parecía haber recuperado la normalidad, presentaba un delirio específico: creía que sus padres eran impostores y nada podía convencerle de lo contrario. Aceptaba de buen grado a sus padres por teléfono (de viva voz), pero siempre que los veía en persona insistía en que eran impostores que fingían ser sus padres. Sin embargo, Arthur no tenía ningún problema en reconocer los rostros de sus padres o de cualquier otra persona de su vida, incluidos amigos, antiguas novias y compañeros de universidad[8] . Esto sugería que Arthur no estaba "loco" y que su delirio era específico y no un signo de inestabilidad mental global.

- A Arthur se le diagnosticó el delirio de Capgras, un síndrome neurológico poco frecuente en el que los pacientes creen que familiares cercanos como padres, cónyuges, hijos o hermanos son impostores, a pesar de estar mentalmente lúcidos. Este delirio inusual puede manifestarse en trastornos psicóticos como la esquizofrenia, pero también se da en más de un tercio de los casos de lesiones cerebrales traumáticas, como el de Arthur. El síndrome debe su nombre al psiquiatra francés Joseph Capgras, quien, junto con Jean Reboul-Lachaux, lo documentó por primera vez en 1923. Su estudio describió a una mujer conocida como "Madame Macabre", que estaba convencida de que su marido y otras personas conocidas habían sido sustituidos por dobles.

- Los exámenes de pacientes con Capgras han revelado que la disfunción del lóbulo temporal, la región del cerebro responsable del reconocimiento de caras y objetos, puede contribuir al desarrollo del delirio. Cuando se dañan áreas específicas de la "vía del qué" del lóbulo temporal, los individuos pueden perder la capacidad de reconocer caras familiares, un fenómeno ilustrado en el libro de Oliver Sacks *El hombre que confundió a su mujer con un sombrero*. Normalmente, estas áreas de reconocimiento se comunican con el sistema límbico, que genera respuestas emocionales ante los rostros familiares. En el caso de Arthur, su vía de reconocimiento facial permanecía intacta, lo que le permitía identificar visualmente a sus padres. Sin embargo, la conexión crítica entre esta área de reconocimiento y su amígdala, la estructura cerebral responsable de las respuestas emocionales, estaba dañada. Como resultado, Arthur podía reconocer a sus padres pero no experimentaba ninguna conexión emocional con sus rostros, lo que le llevó a la angustiosa conclusión de que eran impostores.

- En 2010, los científicos propusieron una teoría revisada sobre el síndrome de Capgras para sugerir una explicación más específica. Esta teoría postula que nuestro cerebro crea "representaciones híbridas" de las personas que conocemos bien, que incluyen dos componentes distintos: uno para los rasgos externos (aspecto, voz) y otro para los internos (personalidad, emociones, preferencias). Según esta teoría, el síndrome de Capgras surge cuando el componente interno está dañado o es inaccesible, lo que hace que la persona parezca físicamente correcta pero se sienta emocionalmente "apagada", como un impostor. Esta explicación se ajusta mejor a las experiencias reales de los pacientes y aborda los inconvenientes de la teoría anterior, ya que explica por qué la falta de reconocimiento emocional por sí sola, como se observa en pacientes con daño en la amígdala (véase Guerrero sin miedo), no siempre conduce a delirios de Capgras.

La maldición indolora (una anomalía del sistema nervioso periférico, pero digna de mención)

- Aunque normalmente odiamos el dolor e intentamos por todos los medios evitarlo, algunas personas nunca lo experimentan en absoluto. Edward Gibson, artista de vodevil en la década de 1930, era una de esas personas. A pesar de sufrir heridas graves como un golpe en la cara con un pico, una herida de bala en un dedo, la nariz rota, cortes profundos en la rodilla y quemaduras, nunca sintió dolor. Incluso podía soportar que le clavaran entre 50 y 60 alfileres y una vez le clavaron un clavo en la mano sin sentir molestias. Stefan Betz, estudiante universitario alemán, padece una enfermedad similar que le impide sentir dolor. Puede sumergir las manos en agua hirviendo o ser operado sin anestesia. A los cinco años se mordió la punta de la lengua y más tarde se fracturó el pie, pero no sintió ninguna molestia. Betz no recordaba cuántas veces visitó el hospital. Tenía una infección en la pierna izquierda por una fractura de tibia que se produjo mientras montaba en monopatín. Desde entonces ha aprendido a fingir que le duele para disuadirse de realizar actividades peligrosas y causar más daños .[27]

- Edward Gibson y Stefan Betz se encuentran entre los pocos cientos de personas en el mundo que padecen una enfermedad conocida como insensibilidad congénita al dolor, o PIC. Se trata de un raro trastorno genético documentado por primera vez en 1932. Las personas con PIC conservan respuestas sensoriales normales, como la percepción de la temperatura, pero a menudo adoptan comportamientos autodestructivos que pueden conducirles a una muerte prematura. Por ejemplo, un niño pakistaní se hizo famoso por caminar sobre brasas y apuñalarse sin dolor, pero murió trágicamente tras saltar de un tejado. Muchos pacientes con PIC se enfrentan a riesgos importantes, como lesiones articulares, infecciones y muerte accidental.

- Los científicos han descubierto que los pacientes con PIC son portadores de mutaciones en el gen SCN9A. Estas mutaciones alteran el canal de sodio Nav1.7, responsable de la percepción del dolor. Este descubrimiento ha despertado un gran interés en el desarrollo de fármacos dirigidos a este canal de sodio, lo que podría aliviar a pacientes con dolencias como el dolor neuropático y la artrosis. Además, los investigadores han identificado el gen PRDM12, que regula la actividad de las neuronas del dolor, como otra diana prometedora para las terapias del dolor. Aunque es posible que los pacientes con PIC no se beneficien directamente de estos avances, su participación en la investigación aporta conocimientos cruciales sobre los mecanismos del dolor y el desarrollo de medicamentos para su tratamiento.

6.5 Mejora del cerebro con inteligencia artificial (IA): ¿Amigo o enemigo?

Conviértete en un superhumano: la IA te da poder

- ¿Podemos lograr una comunicación sin palabras? La IA lo está haciendo posible. En 2018, investigadores del MIT desarrollaron una interfaz informática llamada proyecto AlterEgo, que puede transcribir palabras que los usuarios "pronuncian en silencio" dentro de sus mentes. El sistema utiliza un dispositivo wearable con electrodos colocados en la cara y la mandíbula para detectar señales neuromusculares sutiles generadas por verbalizaciones internas. A continuación, estas señales son procesadas por un algoritmo de aprendizaje automático que las empareja con palabras específicas[28] . Esta tecnología permite a los usuarios interactuar con tareas informáticas sin hablar ni utilizar una interfaz visible. Además, el dispositivo incorpora auriculares de conducción ósea, que transmiten el sonido a través de los huesos faciales, lo que permite a los usuarios recibir información discretamente sin obstruir su audición. Una aplicación clave demostrada con el proyecto AlterEgo fue jugar una partida de ajedrez silenciosa, en la que los usuarios podían comunicar sus jugadas y recibir recomendaciones del ordenador sin vocalizarlas. El objetivo final es crear una plataforma de mejora de la inteligencia que integre la cognición humana con la potencia informática. Los prototipos actuales requieren sólo cuatro electrodos, y los estudios han demostrado una tasa de precisión en la transcripción del 92%. Esta tecnología tiene un enorme potencial para aplicaciones en entornos ruidosos, escenarios que requieran una comunicación silenciosa (por ejemplo, operaciones especiales) y para ayudar a personas con discapacidades del habla, como las que han perdido su capacidad vocal.

- El poder de la IA no se detiene ahí. En 2024, el grupo de investigación Fluid Interfaces del MIT, dirigido por la científica flamenca Pattie Maes, desarrolla una interfaz cerebro-ordenador (BCI) que permite a los usuarios controlar objetos con la mente. El dispositivo, parecido a unas gafas, utiliza sensores para leer la actividad de las ondas cerebrales a través del electroencefalograma (EEG) y seguir los movimientos de los ojos. Esta tecnología puede determinar el grado de concentración y atención del usuario, lo que podría contribuir al tratamiento de enfermedades como el trastorno por déficit de atención con hiperactividad (TDAH) al proporcionar información sobre la atención prestada. Y lo que es más sorprendente, resulta prometedora para personas con discapacidades graves, como la esclerosis lateral amiotrófica (ELA) avanzada, al permitirles comunicarse a través de sus señales cerebrales. Por ejemplo, los pacientes podrían mirar las letras para deletrear palabras, que luego serían vocalizadas por una aplicación[29] . Maes, pionera en Human Augmentation, da prioridad a potenciar la inteligencia humana frente al desarrollo de máquinas que la superen. Aboga por utilizar la tecnología para aumentar las capacidades humanas, capacitando a las personas para lograr lo que actualmente está fuera de su alcance. Esta visión contrasta con el enfoque de empresas como OpenAI y Google, que se centran en crear máquinas inteligentes. Maes cree que el aumento de las capacidades humanas es un camino más convincente, con el objetivo de transformar a las personas en "superhumanos" en lugar de que la IA sustituya las funciones humanas.

- Mientras tanto, la IA también tiene un enorme potencial para hacer avanzar nuestra asistencia sanitaria. Neuralink, empresa líder en el desarrollo de tecnología de interfaz cerebro-ordenador (BCI), mostró recientemente sus avances con un vídeo en el que aparecía el primer receptor humano de su dispositivo BCI. El receptor, un joven de 29 años paralizado de los hombros para abajo, demostró su capacidad para jugar al ajedrez controlando un cursor con la mente, una hazaña similar a los experimentos de 2006 pero lograda con una tecnología mucho más sofisticada. El implante es inalámbrico y discreto, y consta de un centro del tamaño de una moneda en el cráneo y 64 hilos flexibles insertados en la corteza motora para registrar la actividad neuronal. Aunque los problemas iniciales de estabilidad de los electrodos exigieron ajustes, el diseño actualizado refleja los avances hacia una integración perfecta cerebro-ordenador[30] . Neuralink, impulsada por la ambición de su fundador, Elon Musk, de mejorar y restaurar las funciones cerebrales, ha esbozado objetivos para que las futuras ICB aborden afecciones como la psicosis, las convulsiones y la pérdida de memoria, con posibles aplicaciones que impliquen la integración de la IA. A pesar de estos avances, los expertos piden cautela y subrayan la necesidad de abordar consideraciones éticas antes de ampliar su aplicación a los seres humanos.

- Aunque Neuralink domine los titulares en el campo de la interfaz cerebro-ordenador, otras empresas están avanzando mucho con planteamientos diversos. Synchron, con sede en Nueva York, por ejemplo, ya ha implantado su dispositivo en diez personas y ha puesto en marcha un registro de pacientes para un ensayo clínico más amplio. La empresa cuenta con el respaldo de inversores de alto nivel como Bill Gates y Jeff Bezos. Aunque la mayoría de las empresas de este campo pretenden ayudar a quienes no pueden moverse o hablar captando la actividad cerebral para interpretar las intenciones del usuario, sus métodos varían en cuanto a invasividad. Neuralink y Paradromics, por ejemplo, optan por la inserción profunda de electrodos en el córtex. Esto permite capturar datos de alta resolución y realizar tareas como la decodificación del habla. En cambio, el "Stentrode" de Synchron evita la cirugía cerebral abierta colocando electrodos en los vasos sanguíneos por encima de la corteza motora. Por su parte, el conjunto Utah de Blackrock Neurotech, un elemento básico en la investigación académica desde 2004, ha recibido la designación de avance de la FDA. Sin embargo, ofrece un ancho de banda de datos menor que el dispositivo de Neuralink. Otra empresa emergente, Precision Neuroscience, emplea un método mínimamente invasivo con una fina guía de electrodos que se desliza sobre el córtex. Motif Neurotech, por su parte, persigue un innovador dispositivo no invasivo, centrado en el tratamiento de los trastornos del estado de ánimo más que en la descodificación de datos complejos. Con estos rápidos avances, el control de la tecnología a través del pensamiento ya no es ciencia ficción, aunque los objetivos transformadores más amplios que se han marcado empresas como Neuralink siguen estando lejos.

Preocupación por la IA: El riesgo de dominación y desplazamiento

- En marzo de 2016, el algoritmo de IA AlphaGo, desarrollado por DeepMind de Google, logró una victoria sin precedentes al derrotar por 4-1 al mejor jugador de Go del mundo, Lee Sedol. Dominar el antiguo juego del Go se considera desde hace tiempo uno de los retos más difíciles para la inteligencia artificial. A diferencia de anteriores éxitos de la IA en juegos como el ajedrez, que se basaban en estrategias preprogramadas, AlphaGo aprendió a jugar al Go utilizando un algoritmo de aprendizaje profundo de propósito general. Este enfoque permitió a AlphaGo interpretar los complejos patrones y estrategias del Go, que implica más configuraciones posibles del tablero que átomos hay en el universo. El extraordinario rendimiento de AlphaGo destaca por su capacidad para derrotar al campeón europeo de Go, Fan Hui, cinco veces seguidas y su dominio sobre otros programas informáticos, ganando el 99,8 % de las partidas. Lo que lo hace aún más extraordinario es que AlphaGo juega de un modo que se asemeja a la intuición y la estrategia humanas, en lugar de basarse puramente en la fuerza bruta computacional[31] . Este comportamiento similar al humano pone de relieve el poder del aprendizaje profundo y sus posibles aplicaciones en la resolución de problemas complejos más allá de los juegos, como los diagnósticos médicos y la modelización del clima.

- A pesar de su comodidad, la inteligencia artificial plantea cada vez más problemas. Uno de ellos son las estafas de deepfake AI dirigidas a personas reputadas, como científicos, con importantes riesgos profesionales y para su reputación. Por ejemplo, la uróloga sudafricana Kgomotso Mathabe descubrió un vídeo deepfake en el que aparecía promocionando un medicamento falso, lo que provocó estafas financieras y daños a su reputación. Del mismo modo, el especialista indio en diabetes Viswanathan Mohan se enfrentó a ataques de deepfake, con vídeos en los que aparecía falsamente promocionando productos a base de hierbas[32] . Estos vídeos generados por IA causaron muchos problemas sociales y éticos.

- El rápido auge de la IA también está reconfigurando el mercado laboral, creando tanto oportunidades como trastornos. Una encuesta de 2023 de ResumeBuilder indicó que el 37% de las empresas que utilizan IA ya han sustituido a trabajadores, y el 44% prevé despidos impulsados por la IA en 2024. Esta tendencia está afectando a una amplia gama de sectores, como la sanidad, la agricultura y la fabricación. Muchos expertos coinciden en que la IA automatizará por completo determinados puestos de trabajo en los próximos cinco a diez años. Entre los puestos de trabajo que corren mayor riesgo se encuentran los representantes de atención al cliente, los conductores, los programadores informáticos, los analistas de investigación, los asistentes jurídicos, los trabajadores de fábricas, los operadores financieros, los asesores de viajes, los redactores de contenidos (en algunos casos) y los diseñadores gráficos. Sin embargo, algunos trabajos tienen menos probabilidades de ser sustituidos por la IA debido a su naturaleza intrínsecamente creativa, empática o compleja. Por ejemplo, profesores, enfermeros, trabajadores sociales, terapeutas, manitas, abogados, especialistas en recursos humanos, escritores y artistas . [33]

- A pesar de la preocupación que suscita la automatización, la IA ofrece importantes ventajas en el lugar de trabajo. Entre ellas cabe citar la concentración en tareas más atractivas, la mejora de la eficiencia y la posible reducción de las jornadas laborales, la toma de decisiones más informada, la mejora de la innovación y la capacidad de resolución de problemas, y la posibilidad de ofrecer interacciones más personalizadas con los clientes. Además, la IA está creando nuevos puestos de trabajo, especialmente en el aprendizaje automático y la ética de la IA, ya que la supervisión humana es esencial para la formación, la supervisión y el perfeccionamiento de los sistemas de IA. El impacto de la IA puede compararse al de la Revolución Industrial, en la que los puestos de trabajo cambiaron y evolucionaron en lugar de simplemente desaparecer, dando lugar a nuevos tipos de oportunidades laborales. La iniciativa "Modelar el futuro del trabajo" del MIT, lanzada el 22 de enero de 2024 y dirigida por los profesores Daron Acemoglu, David Autor y Simon Johnson, propone desarrollar herramientas de IA que aumenten el número de trabajadores humanos en lugar de sustituirlos. Este enfoque pretende capacitar a los trabajadores menos cualificados para asumir tareas más especializadas y crear un abanico más amplio de oportunidades laborales para personas con diversas habilidades.

Notas

1. Walløe, S., Pakkenberg, B., & Fabricius, K. (2014). Stereological estimation of total cell numbers in the human cerebral and cerebellar cortex. *Frontiers in Human Neuroscience, 8.* https://doi.org/10.3389/fnhum.2014.00508

2. Solan, M. (2021, August 1). *The book of neurogenesis.* Harvard Health. https://www.health.harvard.edu/mind-and-mood/the-book-of-neurogenesis

3. Spector, R. (2022, September 21). *How men's and women's brains are different | Stanford Medicine.* Stanford Medicine Magazine. https://stanmed.stanford.edu/how-mens-and-womens-brains-are-different/

4. Banissy, M. J., & Ward, J. (2007). Mirror-touch synesthesia is linked with empathy. *Nature Neuroscience, 10*(7), 815–816. https://doi.org/10.1038/nn1926

5. Bates, B. C. (2018, April 3). *The doctor who really feels his patients' pain.* https://www.bbc.com/news/stories-43572639

6. Feinstein, J. S., Adolphs, R., Damasio, A., & Tranel, D. (2010). The human amygdala and the induction and experience of fear. *Current Biology, 21*(1), 34–38. https://doi.org/10.1016/j.cub.2010.11.042

7. Feinstein, J. S., Buzza, C., Hurlemann, R., Follmer, R. L., Dahdaleh, N. S., Coryell, W. H., Welsh, M. J., Tranel, D., & Wemmie, J. A. (2013). Fear and panic in

humans with bilateral amygdala damage. *Nature Neuroscience, 16*(3), 270–272. https://doi.org/10.1038/nn.3323

8. Ramachandran, V. S., & Blakeslee, S. (1999). *Phantoms in the brain.* Fourth Estate.

9. De Haan, E. H. F., Corballis, P. M., Hillyard, S. A., Marzi, C. A., Seth, A., Lamme, V. a. F., Volz, L., Fabri, M., Schechter, E., Bayne, T., Corballis, M., & Pinto, Y. (2020). Split-Brain: What We Know Now and Why This is Important for Understanding Consciousness. *Neuropsychology Review, 30*(2), 224–233. https://doi.org/10.1007/s11065-020-09439-3

10. Robson, D. (2022, February 24). *Blindsight: the strangest form of consciousness.* https://www.bbc.com/future/article/20150925-blindsight-the-strangest-form-of-consciousness

11. De Gelder, B., Tamietto, M., Van Boxtel, G., Goebel, R., Sahraie, A., Van Den Stock, J., Stienen, B. M., Weiskrantz, L., & Pegna, A. (2008). Intact navigation skills after bilateral loss of striate cortex. *Current Biology, 18*(24), R1128–R1129. https://doi.org/10.1016/j.cub.2008.11.002

12. Kim, H., Han, J., Park, Y. H., Kim, B. J., Yang, W., & Kim, S. (2017). Supernumerary phantom limb in a patient with basal ganglia hemorrhage - a case report and review of the literature. *BMC Neurology, 17*(1). https://doi.org/10.1186/s12883-017-0962-7

13. Zernitz, M., Rizzello, C., Rigoni, M., & Van De Winckel, A. (2024). Case Report: Phantom limb pain relief after cognitive multisensory rehabilitation. *Frontiers in Pain Research, 5.* https://doi.org/10.3389/fpain.2024.1374141

14. ABC News. (2011, October 7). *Ex-Football player's life is deleted by retrograde amnesia.* https://abcnews.go.com/Health/football-player-scott-bolzans-life-deleted-irreversible-amnesia/story?id=14616045

15. *Researchers find "lost" memories.* (2015, May 28). MIT News | Massachusetts Institute of Technology. https://news.mit.edu/2015/optogenetics-find-lost-memories-0528

16. Day, E. (2017, February 22). He was bad, so they put an ice pick in his brain. . . *The Guardian.* https://www.theguardian.com/science/2008/jan/13/neuroscience.medicalscience

17. Edwards, S. (2011, December 19). Deciphering the teenage brain. *Harvard Medical School*. https://hms.harvard.edu/news/deciphering-teenage-brain

18. Hoffman, T. (2012, November 23). The man whose brain ignores one half of his world. *The Guardian*. https://www.theguardian.com/science/blog/2012/nov/23/man-brain-ignores-half-world

19. Ogden, J. (2012, September 11). The bizarre disorder of hemineglect | BrainLine. *BrainLine*. https://www.brainline.org/article/bizarre-disorder-hemineglect

20. Andrew, E. (2021, September 24). *Meet the healthy, functioning man who survived with almost no brain*. IFLScience. https://www.iflscience.com/man-tiny-brain-lived-normal-life-31083

21. Lewin, R. (1980). Is your brain really necessary? *Science*, *210*(4475), 1232–1234. https://doi.org/10.1126/science.7434023

22. Ksla. (2014, September 12). Keithville boy born without brain dies at 12. *https://www.ksla.com*. https://www.ksla.com/story/26405843/keithville-boy-born-without-brain-dies-at-12/?autostart=true

23. Bodien, Y. G., Allanson, J., Cardone, P., Bonhomme, A., Carmona, J., Chatelle, C., Chennu, S., Conte, M., Dehaene, S., Finoia, P., Heinonen, G., Hersh, J. E., Kamau, E., Lawrence, P. K., Lupson, V. C., Meydan, A., Rohaut, B., Sanders, W. R., Sitt, J. D., . . . Schiff, N. D. (2024). Cognitive motor dissociation in disorders of consciousness. *New England Journal of Medicine*, *391*(7), 598–608. https://doi.org/10.1056/nejmoa2400645

24. Boseley, S. (2017, November 26). Think tennis for yes, home for no: how doctors helped man in vegetative state. *The Guardian*. https://www.theguardian.com/science/2010/feb/03/vegetative-state-patient-communication

25. Owen, A. M., Coleman, M. R., Boly, M., Davis, M. H., Laureys, S., & Pickard, J. D. (2006). Detecting awareness in the vegetative state. *Science*, *313*(5792), 1402. https://doi.org/10.1126/science.1130197

26. The MIT Press Reader. (2022, October 3). *The curious case of Alice in Wonderland syndrome*. https://thereader.mitpress.mit.edu/the-curious-case-of-alice-in-wonderland-syndrome/

27. Cox, D. (2022, February 24). *The curse of the people who never feel pain.* https://www.bbc.com/future/article/20170426-the-people-who-never-feel-any-pain

28. *Computer system transcribes words users "speak silently."* (2018, April 4). MIT News | Massachusetts Institute of Technology. https://news.mit.edu/2018/computer-system-transcribes-words-users-speak-silently-0404)

29. Flanders News. (2024, April 5). Startling results: 'Brain-computer interface' allows user to move objects with mind (VIDEO). *vrtnws.be*. https://www.vrt.be/vrtnws/en/2024/04/05/augmented-reality-ai-mit/)

30. Naddaf, M., & Drew, L. (2024). Second brain implant by Elon Musk's Neuralink: will it fare better than the first? *Nature*, *632*(8025), 481–482. https://doi.org/10.1038/d41586-024-02368-8

31. Gibney, E. Google AI algorithm masters ancient game of Go. *Nature* 529, 445–446 (2016). https://doi.org/10.1038/529445a

32. Nordling, L. (2024). Scientists are falling victim to deepfake AI video scams — here's how to fight back. *Nature*. https://doi.org/10.1038/d41586-024-02521-3

33. Urwin, M. (2024, July 19). AI taking over jobs: What to know about the future of jobs. *Built In*. https://builtin.com/artificial-intelligence/ai-replacing-jobs-creating-jobs

Chapter 7

La mente escurridiza y poderosa

7.1 La increíble conexión mente-cuerpo

El efecto placebo: Siéntelo cuando lo creas

- Nuestro cerebro puede ser engañado para que crea que un tratamiento falso es real, lo que desencadena una respuesta curativa conocida como efecto placebo. La investigación científica ha demostrado que los placebos pueden ser tan eficaces como los tratamientos convencionales para aliviar el dolor de la migraña y la artrosis. Es probable que los placebos actúen provocando la liberación de neurotransmisores como las endorfinas y la dopamina, asociados al placer y el bienestar.

- Los placebos suelen funcionar porque la gente no sabe que los está tomando. Pero, ¿y si lo saben? Un estudio publicado en *Science Translational* Medicine probó tres tratamientos distintos en pacientes que sufrían crisis de migraña: un grupo recibió un medicamento contra la migraña etiquetado con el nombre del fármaco, otro recibió un placebo etiquetado como "placebo", y un tercer grupo no recibió ni fármacos ni placebos. Los investigadores descubrieron que el placebo era un 50% más eficaz que el fármaco real para reducir el dolor de la migraña, incluso cuando los pacientes sabían que estaban tomando un placebo .[1]

- En contraposición al efecto placebo está el efecto nocebo. El efecto nocebo describe los resultados negativos que pueden producirse si creemos que algo perjudicará a nuestro organismo. Las investigaciones demuestran que si creemos que un tratamiento será doloroso o tendrá efectos secundarios, es más probable que experimentemos dolor o efectos secundarios (como espasmos musculares y dolor torácico). Entre los efectos nocebo más comunes se encuentran el dolor, los dolores musculares, los efectos secundarios sexuales, el picor y los problemas de memoria.

- El efecto nocebo parece ser más común en personas que experimentan ansiedad o depresión, con ciertos rasgos de personalidad (como ser pesimista, neurótico o muy competitivo) o a las que se les dice que el tratamiento causará dolor o efectos secundarios no deseados. En un estudio de 2017, los científicos descubrieron que el precio de un medicamento puede modular el procesamiento del dolor. Los pacientes informaron de un dolor más intenso cuando un tratamiento falso se etiquetó como medicamento caro en comparación con cuando se etiquetó como medicamento barato, aunque no recibieron ningún tratamiento activo .[2]

En sentido contrario a las agujas del reloj: Envejecer es cosa de la mente

- Probablemente, el experimento más sorprendente sobre la conexión mente-cuerpo fue el denominado "En sentido contrario a las agujas del reloj", realizado por la psicóloga social de Harvard Ellen Langer. En 1979, Langer invitó a ocho ancianos de entre 70 y 80 años a un retiro diseñado meticulosamente para parecerse a 1959, transportándolos 20 años al pasado. El entorno se recreó cuidadosamente con muebles específicos de la época, periódicos, libros y programas de televisión. Los hombres debían sumergirse por completo en la experiencia, como si estuvieran en 1959. Para ello, debían hablar de la actualidad de la época, hablar de sí mismos en presente como si fueran más jóvenes y evitar cualquier referencia a su edad real. Los resultados fueron notables: al cabo de una semana, los participantes mostraron mejoras apreciables en varios indicadores de salud, como la vista, el oído, la memoria, la destreza y la fuerza. También mejoró su rendimiento cognitivo. Además, cuando se mostraron a observadores independientes fotos tomadas antes y después del retiro, los hombres parecían notablemente más jóvenes en las imágenes del "después" . [3]

- Esta conexión mente-cuerpo no se limita a los ancianos. En 2016, el equipo de investigación de Langer descubrió que nuestras mentes pueden influir en los niveles de azúcar en sangre simplemente creyendo cuánto tiempo ha pasado. En este estudio, los investigadores asignaron aleatoriamente a 47 participantes con diabetes tipo 2 a una de tres condiciones de percepción del tiempo: Rápida, Normal y Lenta. A continuación, se indicó a los participantes que jugaran a videojuegos sencillos durante 90 minutos. Los participantes en la condición Normal veían un reloj que indicaba el tiempo real transcurrido, mientras que los de las condiciones Lenta y Rápida veían relojes que indicaban que habían pasado 45 y 180 minutos, respectivamente. Sorprendentemente, al final de la sesión de 90 minutos, los niveles de glucosa en sangre de los participantes reflejaban el tiempo percibido (45, 90 o 180 minutos) en lugar del tiempo real transcurrido[4] . Esto sugiere que un simple truco mental puede llevar al cuerpo a ajustar sus niveles de glucosa en sangre.

- En un estudio similar realizado en 2023, el equipo de Langer infligió heridas leves a los participantes y utilizó las mismas tres condiciones de percepción del tiempo, siendo el tiempo real transcurrido de 28 minutos para todos los grupos. Las heridas se curaron significativamente más rápido en la condición de Tiempo Rápido en comparación con las condiciones de Tiempo Normal y Tiempo Lento, apoyando aún más el concepto de unidad mente-cuerpo . [5]

Ejercicios mentales: Hazte más fuerte y más delgado... ¿Usando tu mente?

- Si todavía cree que la pérdida de peso sólo se consigue quemando un número determinado de calorías, piénselo otra vez. Un estudio fascinante investigó cómo las creencias sobre la actividad física pueden influir en la salud, incluso sin cambios reales de comportamiento. En este estudio, los investigadores reclutaron a 84 amas de llaves de hotel, informando a la mitad de que su trabajo diario (limpiar habitaciones) cumplía las directrices federales sobre ejercicio, mientras que la otra mitad permaneció desinformada. Sorprendentemente, después de sólo cuatro semanas, el grupo informado mostró mejoras físicas significativas: pérdida de peso, disminución de la presión arterial, mejora de la relación cintura-cadera y reducción de los índices de masa corporal, todo ello sin cambios en la actividad, la carga de trabajo o la dieta[6] . Estos resultados respaldan el concepto de "mentalidad de adecuación a la actividad" (AAM, por sus siglas en inglés), que sugiere que creer que el nivel de actividad de una persona es saludable puede influir positivamente en medidas fisiológicas como la frecuencia cardiaca y la presión arterial . [7]

- En otro experimento, los científicos descubrieron que el entrenamiento mental puede inducir ganancias de fuerza sin realizar ejercicios físicos. En su experimento,

30 voluntarios jóvenes y sanos se dividieron en cuatro grupos para entrenar los músculos abductores del meñique y flexores del codo, que se utilizan con frecuencia en las actividades cotidianas. Un grupo de 8 personas realizó "contracciones mentales" de la abducción del meñique, otro grupo de 8 realizó contracciones mentales de la flexión del codo, un grupo de 6 se sometió a ejercicios musculares físicos de abducción del meñique y flexión del codo, y el último grupo de 8 no realizó entrenamiento físico ni mental, sino que se limitó a participar en todos los experimentos como grupo de control. Tras 12 semanas de entrenamiento 15 minutos al día, 5 días a la semana, el grupo de entrenamiento físico aumentó su fuerza de abducción del dedo meñique en un 53%. Curiosamente, los grupos de entrenamiento mental tuvieron aumentos del 35% y el 13,5% en su fuerza de abducción de los dedos y flexión del codo, respectivamente, mientras que el grupo de control no mostró un aumento significativo de la fuerza en sus músculos. Los científicos confirmaron la mejora de la fuerza muscular de los grupos de entrenamiento mental midiendo el potencial cortical derivado del electroencefalograma[8] . ¡Pruébalo la próxima vez para hacer crecer tus músculos cuando te sientas demasiado cansado para ir al gimnasio!

- Los experimentos anteriores no son casos aislados. Desde la década de 1930, los científicos estudian cómo las prácticas mentales pueden mejorar el rendimiento deportivo. En un estudio anterior, realizado en 1978, se asignó aleatoriamente a 32 estudiantes universitarios a uno de cuatro grupos para comprobar el efecto de la práctica mental en la capacidad de lanzar dardos. El grupo de control no recibió ninguna práctica, mientras que los otros tres grupos realizaron diferentes formas de práctica: sólo ensayo mental, ensayo mental con movimientos motores simulados y práctica física directa. A los participantes del grupo de ensayo mental se les pidió que cerraran los ojos e imaginaran vívidamente el proceso de lanzar dardos, centrándose en detalles sensoriales como la sensación de los dardos en sus manos, la visión de la diana y el sonido de los dardos al golpear el tablero. El grupo mental/motor combinó el ensayo mental con movimientos físicos, imitando el acto de lanzar sin un dardo real. El grupo de práctica directa se dedicó a la práctica física tradicional, lanzando dardos a la diana. Después de seis días, todos los grupos de práctica mostraron una mejora significativa en comparación con el grupo de control. Sorprendentemente, el grupo de práctica mental mejoró casi tanto como el grupo de práctica física directa[9] , lo que pone de manifiesto una vez más el poder de la mente.

- La capacidad de lanzar dardos es sólo una de las muchas habilidades motoras que se ponen a prueba. De hecho, los científicos han estudiado exhaustivamente los efectos de la práctica mental en diversas habilidades motoras, como los tiros libres en baloncesto, el bádminton, el patinaje de velocidad, el claqué, los malabares con varitas, los lanzamientos en softball, el chipping en golf y los regates en fútbol. Mediante metaanálisis (una técnica estadística que combina los resultados de múltiples estudios), los investigadores han llegado a la conclusión de que la práctica mental mejora significativamente el aprendizaje y la retención de las habilidades motoras[10,11] . Debido a su impacto positivo, la práctica mental se utiliza actualmente en diversos campos. Los atletas la utilizan para mejorar su rendimiento en deportes como el baloncesto, el golf y la danza. Los músicos, como los pianistas, emplean la práctica mental para aprender nuevas piezas, mientras que los profesionales de la medicina, incluidos los cirujanos, perfeccionan sus habilidades procedimentales mediante la visualización. Además, la práctica mental ayuda a los pacientes a recuperar la movilidad tras un ictus y puede reducir la pérdida de fuerza en extremidades inmovilizadas por una lesión.

El poder curativo de la mente

- El viaje de curación del lama tibetano Phakyab Rinpoche es un ejemplo notable del potencial de la mente para curar el cuerpo. Autor del libro *La meditación me salvó la vida*, Rinpoche se enfrentó a graves problemas médicos tras sufrir un brutal encarcelamiento en China y una agotadora huida. Desarrolló gangrena en el tobillo derecho, una enfermedad potencialmente mortal que se produce cuando el tejido muere por falta de flujo sanguíneo o por una infección bacteriana grave. Además, sufrió fracturas óseas y tuberculosis espinal. Los médicos de Nueva York creían que la amputación era la única forma de salvarle la vida. Sin embargo, una carta del Dalai Lama, en la que le preguntaba: "¿Por qué buscas la curación fuera de ti mismo?", inspiró a Rinpoche a explorar un camino alternativo: la meditación. Con años de experiencia en meditación y un profundo conocimiento de las prácticas curativas tibetanas, Rinpoche abandonó el hospital y se embarcó en un retiro autoguiado. Dedicó catorce horas diarias a la meditación y la oración, desafiando gradualmente las expectativas médicas. Su tobillo infectado se curó y sus huesos empezaron a regenerarse. Tres años después, se recuperó por completo y volvió a caminar con normalidad.

- En una entrevista, Phakyab Rinpoche destacó que la compasión era la clave de su éxito curativo. Cree que la verdadera curación empieza en la mente y está al alcance de todos. No se trata sólo de milagros médicos, sino de cultivar la compasión y la transformación interior en la vida cotidiana. Rinpoche se acerca a los demás con el corazón abierto, viéndolos como seres humanos, cada uno con potencial para la bondad y el crecimiento. Rinpoche hace hincapié en la práctica de la compasión y la meditación del amor amable para cultivar la paz interior. Según Rinpoche, centrarse excesivamente en uno mismo puede obstaculizar la paz, mientras que la compasión abre la "puerta interior". Esto acalla los pensamientos egocéntricos y fomenta la apertura del corazón y la mente. La meditación, sobre todo la "shamatha" (meditación para mantener la calma), silencia las distracciones mentales, fomentando una sensación de calma tanto en el cuerpo como en la mente [12].

- Utilizando técnicas avanzadas de neuroimagen, los neurocientíficos han revelado cómo la meditación puede remodelar nuestro cerebro. Un equipo de investigación de Harvard dirigido por Sara Lazar utilizó imágenes de resonancia magnética funcional (IRMf) para examinar a 16 participantes antes y después de un programa de atención plena de ocho semanas. Los participantes realizaron ejercicios de atención plena durante una media de 27 minutos al día. Tras el programa de ocho semanas, todos los participantes mostraron mejoras significativas en los cuestionarios de atención plena. Los escáneres cerebrales revelaron un aumento de la materia gris en el hipocampo, una región del cerebro crucial para el aprendizaje y la memoria. Además, los participantes también informaron de una reducción de los niveles de estrés, que se correlacionó con una disminución de la densidad de materia gris en la amígdala, una zona asociada a la ansiedad y el estrés[13] . Estos cambios cerebrales se observaron exclusivamente en el grupo de meditación, lo que sugiere que la práctica de la atención plena puede desencadenar cambios estructurales y funcionales en nuestro cerebro.

Cultivo con los dedos: Un experimento de 1 minuto para poner a prueba el poder de tu mente

- Después de leer todo esto, ¿te has preguntado por tu propio poder mental? Esta es tu oportunidad. Tu mente puede cambiar tu cuerpo en segundos, y tus dedos son un gran objetivo para el poder de tu mente. Para hacer crecer tus dedos utilizando tu mente, empieza por alinear tus manos izquierda y derecha para comparar la longitud de tus dedos: deben ser similares, aunque no exactamente iguales. A continuación, separa las manos, cierra los ojos y relájate. Saca la mano que quieres que crezca y concéntrate en ella, repitiéndote: "Está creciendo, está creciendo". Visualiza algo que crece, como la hierba brotando o un árbol brotando, para ayudar a reforzar la idea. Después de practicar esto durante 15-30 segundos (puede llevar más tiempo ver un efecto), abre los ojos, vuelve a alinear las manos y compara los dedos para ver cuánto más han crecido. El resultado te sorprenderá.

7.2 La mente inconsciente: Funcionar más allá de la conciencia

- Sigmund Freud, a menudo conocido como el "padre de la psicología", desarrolló la teoría del psicoanálisis a principios de la década de 1890. Esta teoría influyó significativamente en nuestra comprensión de la mente humana y sus funciones. Freud propuso que la mente humana consta de tres niveles de conciencia: el consciente, el preconsciente (o subconsciente) y el inconsciente. Destacó el papel sustancial de la mente inconsciente a la hora de influir en el comportamiento. La mente inconsciente, según Freud, alberga recuerdos, pensamientos e impulsos reprimidos que no son fácilmente accesibles a nuestra conciencia consciente. Estos tres niveles de conciencia se comparan a menudo con un iceberg, en el que la mente consciente no es más que la punta visible por encima del agua, mientras que la mente inconsciente representa la vasta porción oculta bajo la superficie.

- Aunque utilizamos nuestra mente consciente a diario, a menudo no nos damos cuenta de que muchos de nuestros comportamientos están impulsados por el inconsciente. Esto queda claramente ilustrado en los casos de los pacientes con doble cerebro y los que tienen ceguera visual (Capítulo 6). Por ejemplo, los cerebrales escindidos pueden señalar o dibujar algo con precisión, pero ser incapaces de explicar verbalmente sus acciones. Del mismo modo, las personas con ceguera visual pueden recorrer un pasillo y evitar obstáculos perfectamente, sin ser conscientes de cómo lo hacen. En un ejemplo extremo, los pacientes con anosognosia parecían suprimir recuerdos en su mente inconsciente y alternar entre dos identidades distintas: una en la que creían estar perfectamente sanos y otra en la que reconocían sus problemas de salud. Estos fenómenos plantean una pregunta profunda: ¿Es nuestro libre albedrío -la mente consciente en la que confiamos- realmente libre, o es una mera ilusión?

- Quizá la prueba más directa del papel de nuestro subconsciente/inconsciente sea el escáner cerebral. Mediante la resonancia magnética funcional (RMf), los científicos pueden observar la actividad cerebral de los sujetos durante la toma de decisiones. En un experimento, los sujetos observaban un flujo de letras en una pantalla y, cuando sentían el impulso, optaban por pulsar un botón a la izquierda o a la derecha. Se les pidió que recordaran la letra que aparecía en el momento de la decisión y que más tarde indicaran su elección seleccionando esa letra. Los investigadores utilizaron IRMf para analizar la actividad cerebral y ver si podían predecir la elección de cada sujeto antes de que fuera consciente. Descubrieron que dos regiones cerebrales -la corteza frontopolar (BA10) y la corteza parietal- mostraban una activación que predecía la pulsación del botón hasta 10 segundos antes de que el sujeto decidiera conscientemente[14] . Esto sugiere que la actividad cerebral inconsciente influye en las decisiones incluso antes de que sean conscientes. Un estudio posterior sobre la selección de productos por parte del consumidor reveló además que breves periodos de pensamiento inconsciente (UT) dentro de regiones cerebrales específicas (concretamente, el córtex prefrontal dorsolateral derecho y el córtex visual izquierdo) ayudaban a mejorar la toma de decisiones. Esto implica que nuestros cerebros pueden procesar e integrar información para tomar decisiones más inteligentes, incluso sin pensamiento consciente . [15]

- Las pruebas científicas sugieren que nuestra mente inconsciente tiene al menos dos propiedades. En primer lugar, es muy poderosa y puede cambiar nuestro cuerpo de formas que la mente consciente no puede. Aunque nuestra mente consciente puede influir temporalmente en nuestro cuerpo -como alargar las manos o los dedos mediante la visualización-, estos efectos sólo duran unos minutos. En cambio, la mente inconsciente puede producir cambios duraderos. Por ejemplo, los estudios han demostrado que los pacientes pueden eliminar las verrugas -bultos duros y elevados causados por el virus del papiloma humano (VPH)- simplemente "pensándolas". En un estudio publicado en *The Lancet*, 21 pacientes con verrugas se sometieron a hipnosis que implicaba relajación, fijación de la mirada y órdenes repetitivas. Durante la hipnosis, se les sugirieron dos cosas: que desaparecieran las verrugas de un lado de su cuerpo y que realizaran una acción concreta al despertarse. De los 21 pacientes, 15 alcanzaron una profundidad hipnótica suficiente, y sus verrugas desaparecieron en un plazo de entre cinco semanas y tres meses[16] . Estos sorprendentes resultados, confirmados por otros múltiples estudios[17,18,19] , ponen de relieve una conexión entre la profundidad de la hipnosis, la sugestión posthipnótica y la desaparición de las verrugas.

- En segundo lugar, a diferencia de la mente consciente, nuestra mente inconsciente es constantemente consciente de lo que nos rodea, incluso cuando estamos inconscientes. En el libro de Brian Weiss "Muchas vidas, muchos maestros", una técnica de laboratorio de 27 años llamada Catherine acudió a Weiss para tratarse de un problema grave de ansiedad y ataques de pánico. Weiss utilizó la terapia de regresión y, bajo hipnosis, Catherine recordó muchas de sus 86 vidas anteriores. En una sesión de terapia, Catherine fue capaz de recordar detalles de las conversaciones de los médicos sobre el estado de su garganta durante una operación de cuerdas vocales. Aunque en aquel momento estaba anestesiada y profundamente inconsciente, su mente había registrado la conversación de los cirujanos sobre el riesgo de asfixia debido a la inserción y extracción de un tubo. Esta conciencia de su mente inconsciente desencadenó un miedo intenso a tragar o atragantarse cuando se despertó. Durante la sesión de hipnosis, Catherine se dio cuenta de esta conexión y, como resultado, superó su ansiedad y su miedo[20] . Es probable que nuestra mente inconsciente recopile una gran cantidad de información mientras estamos en un estado inconsciente (como el sueño). El único obstáculo es acceder a esta información con nuestra mente consciente.

7.3 El rompecabezas cuántico de la mente

- Mientras neurocientíficos y psicólogos siguen debatiendo la realidad de la unidad mente-cuerpo, los físicos han abrazado un concepto aún más audaz: el propio universo podría ser una proyección de nuestras mentes. En 2005, para celebrar el centenario del "año milagroso" de Einstein, Nature, una prestigiosa revista científica, publicó "El universo mental", un conciso ensayo de Richard Henry, profesor de Física y Astronomía de la Universidad Johns Hopkins. El ensayo de Henry comienza con una afirmación provocadora: "La única realidad es la mente y las observaciones, pero las observaciones no son de las cosas. Para ver el Universo como realmente es, debemos abandonar nuestra tendencia a conceptualizar las observaciones como cosas".[21] Muchos otros físicos, como Amit Goswami, profesor jubilado de Ciencias Teóricas de la Universidad de Oregón y autor de "Física del alma", comparten perspectivas similares. Este punto de vista es intrigante, pero ¿qué lleva a los físicos a una conclusión tan radical sobre la mente?

- Es probable que esto se deba a un extraño fenómeno de la mecánica cuántica llamado "efecto observador", en el que el acto de observación cambia la realidad. El ejemplo clásico es el experimento de la doble rendija: Cuando no se observa, un solo electrón parece pasar por ambas rendijas simultáneamente (un extraño fenómeno cuántico conocido como superposición), creando un patrón de interferencia en una pantalla. Sin embargo, si los científicos intentan observar por qué rendija pasa un electrón, éste se comporta de forma diferente, actuando como una partícula en lugar de como una onda. Esto hace que el patrón de interferencia desaparezca[22] . En otras palabras, ¡es como si los electrones supieran que están siendo observados y cambiaran su comportamiento! Como no podemos evitar observar el mundo tal como lo percibimos, los científicos se preguntan: ¿Es realmente real nuestro universo observable? ¿Existe una realidad objetiva?

- El gato de Schrödinger puede ayudarnos a apreciar mejor este desconcertante concepto. En este experimento mental, el físico austriaco Erwin Schrödinger propuso que el destino de un gato hipotético depende de un acontecimiento aleatorio con un 50% de probabilidades de ocurrir, como la desintegración radiactiva. Hasta que alguien abre la caja para medir (observar) la desintegración, el gato permanece en un estado superpuesto, es decir, tanto desintegrado como no desintegrado, con una probabilidad del 50% cada uno. Como resultado, el gato está, paradójicamente, vivo y muerto simultáneamente hasta que se abre la caja y un observador externo mide el estado del gato. Esto puede parecer ridículo, pero en la teoría cuántica es completamente racional. En otras palabras, estamos constantemente observando el universo y, cada vez que lo hacemos, estamos creando nuestra propia realidad con nuestras observaciones y nuestras mentes.

- Para resolver la paradoja del gato de Schrödinger, el físico estadounidense Hugh Everett III desarrolló a finales de los años 50 la teoría de los muchos mundos (o universos paralelos). Esta teoría propone que cada suceso cuántico provoca una escisión en la realidad, creando universos paralelos que contienen todos los resultados posibles. Esto implica que el gato de Schrödinger podría existir en dos universos paralelos: vivo en uno y muerto en otro. Los estados vivo y muerto del gato son decoherentes, es decir, no interactúan ni se comunican entre sí. Una vez realizada una medición (observación), el observador y el gato sólo existen en uno de estos mundos, no en ambos. Así que, si te arrepientes constantemente de haber tomado decisiones equivocadas en tu vida, consuélate pensando que otra versión de ti podría estar disfrutando de un final feliz en un universo paralelo.

- Por cierto, cabe señalar que, a pesar de parecer extraña y contraintuitiva, la física cuántica está ampliamente considerada como la teoría científica de mayor éxito jamás desarrollada. Explica una amplia gama de fenómenos naturales con extraordinaria precisión, sobre todo a nivel atómico y subatómico. Además, explica fenómenos que van desde el comportamiento de los átomos hasta las propiedades de los semiconductores y el Sol. Muchas tecnologías modernas, como los láseres y los transistores, se basan en principios cuánticos, y la física cuántica ha allanado el camino a innovaciones revolucionarias como los ordenadores y las cámaras digitales.

7.4 Mente y universo: No están separados, sino interconectados

Corazones que laten juntos

- Como seres humanos, nuestros cuerpos pueden parecer separados, pero están estrechamente conectados. En el pueblo español de San Pedro Manrique, los habitantes participan cada 23 de junio en un ritual de caminar sobre el fuego, cruzando carbones calientes en una celebración ceremonial del solsticio de verano. Para comprender el impacto fisiológico de estos rituales, los investigadores realizaron un estudio centrado en la frecuencia cardiaca. El equipo controló a 12 participantes, 9 de sus familiares y 17 espectadores. Curiosamente, los investigadores descubrieron que la frecuencia cardiaca de los observadores que eran familiares o amigos íntimos de los participantes en el ritual se sincronizaba con la de los participantes. La frecuencia cardiaca de estos familiares aumentaba y disminuía de forma casi idéntica a la de los participantes antes, durante y después de cada paseo, incluso cuando ellos mismos no participaban activamente[23] . Esta sincronía se mantuvo durante los 30 minutos que duró el ritual, lo que sugiere una profunda conexión fisiológica vinculada a lazos emocionales más que a acciones físicas compartidas. En cambio, los espectadores que no tenían ninguna relación personal con los paseantes no mostraron el mismo patrón de frecuencia cardiaca, lo que subraya que las relaciones sociales estrechas son probablemente la clave de esta respuesta sincronizada.

- ¿Ha sentido alguna vez una profunda conexión con su bebé al compartir una sonrisa? Los científicos han descubierto el mecanismo subyacente a esta conmovedora experiencia. Un estudio de 2011 revela que los corazones de las madres y sus bebés de 3 meses pueden sincronizarse hasta el milisegundo, simplemente compartiendo sonrisas e interacciones alegres. Los investigadores observaron a 40 parejas madre-hijo durante interacciones cara a cara, utilizando electrodos para controlar sus latidos. Descubrieron que los corazones de la madre y el niño latían en una sincronía casi perfecta durante los momentos de contacto visual cálido o sonidos de arrullo[24] . Cabe destacar que este efecto sólo se observó entre cada madre y su propio hijo. Este "acoplamiento cardíaco" parece activar áreas cerebrales específicas asociadas a la empatía y la conexión social. Investigaciones anteriores sugieren que los bebés que se pierden estos momentos de vinculación, como los nacidos prematuramente o cuyas madres sufren depresión posparto, pueden mostrar una menor empatía más adelante, durante la adolescencia.

- Se ha observado una conexión fisiológica similar en las parejas. En 2013, un estudio de la UC Davis descubrió que las parejas románticas pueden sincronizar sus ritmos cardíacos y patrones de respiración, apoyando la noción de que sus corazones realmente "laten como uno solo." Los investigadores, dirigidos por el profesor de psicología Emilio Ferrer, monitorizaron a 32 parejas heterosexuales que estaban sentadas a unos metros de distancia en silencio, sin hablar ni tocarse. El estudio descubrió que tanto la frecuencia cardiaca como los intervalos respiratorios se alineaban estrechamente dentro de cada pareja. Sin embargo, esta sincronización no se producía cuando los individuos estaban emparejados con personas que no eran pareja[25] . El estudio también reveló que las mujeres tendían a ajustar más sus respuestas fisiológicas para que coincidieran con las de sus parejas, lo que sugiere un posible mayor nivel de empatía o sintonía en las mujeres.

- En las situaciones descritas anteriormente, las parejas no se tocaban. Pero, ¿y si se cogían de la mano? Un estudio posterior realizado por el investigador de CU Boulder Pavel Goldstein en 2017 exploró cómo el tacto puede aliviar el dolor en las parejas románticas a través de la sincronización fisiológica. En un estudio de 22 parejas heterosexuales a largo plazo, los investigadores midieron las frecuencias cardíaca y respiratoria en tres escenarios: sentados juntos sin tocarse, sentados juntos tomados de la mano y sentados separados mientras la mujer experimentaba un dolor leve. De forma similar al estudio de 2013, los científicos descubrieron que las parejas sincronizan de forma natural sus ritmos fisiológicos, pero el dolor interrumpe esta sincronización. Sin embargo, cuando las parejas se cogieron de la mano, sus ritmos cardíaco y respiratorio volvieron a sincronizarse y el dolor de la mujer disminuyó[26] . El efecto analgésico fue mayor cuando la pareja masculina mostraba mayores niveles de empatía, lo que sugiere que el tacto puede comunicar empatía y crear un efecto analgésico. La hipótesis de los investigadores es que la sincronización puede influir en el córtex cingulado anterior del cerebro, una zona asociada tanto a la empatía como a la percepción del dolor. Así que, la próxima vez que estés en la sala de partos, recuerda el poder de una caricia de apoyo: ¡toma la mano de tu pareja!

Calmar la mente, calmar la ciudad

- Si el universo observable es una proyección de nuestras mentes, entonces cambiar nuestro estado mental no sólo podría cambiar nuestros cuerpos (a través de la conexión mente-cuerpo), sino que también tendría un impacto en el universo, incluido nuestro entorno vital. De hecho, muchos grupos de investigación han estudiado cómo las prácticas de meditación influyen en los índices de delincuencia social, y han encontrado una interesante conexión entre ambos. A continuación se presentan dos estudios notables.

- En un estudio, los investigadores utilizaron el análisis de series temporales para examinar el impacto de la Meditación Trascendental (MT) en el índice de criminalidad en Merseyside, Reino Unido. Merseyside es un condado metropolitano del noroeste de Inglaterra que incluye la ciudad de Liverpool (1,5 millones de habitantes) y tiene un historial de altos índices de delincuencia. En 1975, una instructora de MT de Liverpool llamada Patricia Stone propuso al alcalde un plan para reducir la delincuencia en un 16% mediante la Meditación Trascendental. Investigaciones anteriores sugerían que cuando el número de practicantes de meditación en una comunidad alcanzaba la raíz cuadrada del 1% de la población, podía producirse un cambio mensurable hacia un mayor orden social (indicado por la reducción de la delincuencia). En el caso de Merseyside, este umbral era la raíz cuadrada de aproximadamente 10.000, lo que equivale a 100 practicantes. Con el apoyo financiero del alcalde, la Sra. Stone se propuso enseñar MT al 1% de la población. En 1980, se estableció Maharishi European Sidhaland en la cercana Skelmersdale para promover un estilo de vida ideal a través de prácticas diarias de MT-Sidhi. En 1991, esta comunidad ya contaba con 365 miembros. Además, en marzo de 1988 se inauguró un centro de meditación en grupo llamado Cúpula Dorada Maharishi. Durante la ceremonia de inauguración, los líderes de la comunidad hicieron predicciones televisadas de que la práctica conduciría a una reducción de la delincuencia.

- ¿Dieron resultado sus esfuerzos? Curiosamente, el análisis de los datos de 1978 a 1991 mostró que en marzo de 1988, cuando el tamaño del grupo superó por primera vez este umbral de 100, el índice de delincuencia en Merseyside descendió significativamente: un 13,4%. Esta reducción persistió hasta 1992, incluso cuando la tasa de delincuencia nacional aumentó un 45%. En particular, la clasificación de la delincuencia en Merseyside pasó de ser la tercera más alta entre las principales áreas metropolitanas en 1987 a ser la más baja en 1992, con una tasa un 40% inferior a la prevista sobre la base de las tendencias anteriores. El estudio estimó que se produjeron 255.000 delitos menos en Merseyside entre 1988 y 1992 en comparación con lo que cabría esperar si hubiera seguido las tendencias nacionales, lo que supone un ahorro potencial de más de 1.250 millones de libras en pérdidas por delincuencia[27] . Esta importante reducción de la tasa de delincuencia no puede explicarse por otros factores, como los cambios demográficos, los cambios económicos o las prácticas policiales durante el periodo estudiado.

- En otro estudio, los investigadores examinaron el impacto de un gran grupo que practicaba la Meditación Trascendental y el programa TM-Sidhi sobre los delitos violentos en Washington D.C. durante junio y julio de 1993. Washington, D.C. había sufrido un aumento del 77% en delitos violentos entre 1986 y 1992, a pesar de que el presupuesto anual para delitos había aumentado a casi mil millones de dólares. Además, se preveía que la delincuencia violenta juvenil se duplicaría en la década siguiente. Para examinar el impacto de la MT en la reducción del estrés social y los índices de delincuencia, unos 4.000 participantes se reunieron para aumentar la coherencia colectiva (armonía) mediante la práctica de la MT. La investigación, supervisada por una junta de revisión independiente de 27 miembros, analizó los datos semanales de delincuencia de los registros policiales teniendo en cuenta factores como el clima y las tendencias delictivas. Los resultados mostraron que los homicidios, violaciones y agresiones (delitos HRA) disminuyeron significativamente -hasta un 23,3%- durante el proyecto. Esta reducción no se observó durante el mismo periodo en los cinco años anteriores. El análisis confirmó que la reducción de la delincuencia no podía explicarse por el aumento de la presencia policial y que el efecto persistió una vez finalizado el proyecto[28] . Los investigadores estimaron que un grupo permanente de 4.000 participantes podría reducir los delitos contra la HRA en un 48% a largo plazo.

- Estos dos estudios representan sólo una fracción de los más de 600 estudios de investigación realizados en las últimas cinco décadas. Estos estudios, llevados a cabo en más de 200 universidades e instituciones de investigación de 30 países, han investigado los efectos de la MT en la mejora del bienestar tanto individual como social, y han encontrado sistemáticamente resultados positivos similares[29]

. ¿Cómo mejora la MT la seguridad de las ciudades? Los científicos han descubierto que la Meditación Trascendental está relacionada con la actividad del electroencefalograma (EEG) alfa1 de predominio frontal (8-10 Hz), que refleja la actividad eléctrica del cerebro. Esta frecuencia alfa1 en la corteza frontal del cerebro durante la práctica de la MT se asocia con un estado de conciencia interior y calma mental. Los científicos proponen que, cuando se practica en grupo, las actividades cerebrales coherentes de los practicantes de meditación se asemejan a las de la luz láser, en la que todos los fotones están en fase entre sí, tienen la misma longitud de onda y viajan en la misma dirección. Debido a esta coherencia similar a la del láser, los investigadores utilizaron las leyes de la física para calcular el número de practicantes necesarios para ver un efecto en la reducción de la tasa de criminalidad. Así obtuvieron el modelo de la raíz cuadrada. En este modelo, se cree que el programa TM-Sidhi emite un efecto coherente y ordenado, similar al de los campos físicos, que promueve la armonía en toda la ciudad.

La regla del espejo

- Quizá un ejemplo sorprendente de cómo nuestra mente puede influir en el entorno en el que vivimos lo encontramos en el libro *La regla del espejo*. Basado en una historia real y escrito por Yoshinori Noguchi, este libro explora la idea de que nuestra realidad externa refleja nuestro mundo interior. La historia sigue a Eiko Akiyama, un ama de casa de 41 años que lucha con su hijo de quinto curso, Yuta, que se ha mostrado emocionalmente distante y problemático. Eiko está profundamente frustrada, especialmente por el acoso que sufre su hijo en la escuela. En su desesperación, Eiko llega incluso a pelearse con su marido, con lo que se siente perdida y abrumada. Acude a su amiga Yaguchi, experta en psicología, en busca de consejo. Para su sorpresa, Yaguchi sugiere que la tensa relación de Eiko con su hijo podría estar relacionada con sentimientos no resueltos hacia su propio padre. Yaguchi la anima a hacer una lista tanto de sus quejas como de las cosas que agradece a su padre y a expresarle directamente su gratitud. Aunque al principio se muestra escéptica, Eiko sigue el consejo de Yaguchi. Escribe una lista de los aspectos positivos y negativos de la relación con su padre. Al hacerlo, se da cuenta de que su padre realmente se preocupaba por ella, a pesar de que en el pasado se centraba en sus defectos. Siente remordimientos y decide enfrentarse a su dolor y amargura perdonándole. En una emotiva conversación telefónica, da las gracias a su padre, liberándose de años de malentendidos y resentimiento. Tras este acto de perdón, la vida de Eiko experimenta una sorprendente transformación. Su hijo, antes retraído, se abre a ella, comparte su vida escolar y le dice que el acoso ha cesado. Su marido también le expresa su gratitud y se restablece la armonía familiar. El libro ilustra que nuestras circunstancias externas a menudo reflejan nuestro estado interno. Albergar resentimiento puede afectar negativamente a nuestras vidas y llevarnos a una realidad llena de quejas y negatividad. Para cambiar nuestra realidad, primero debemos transformar nuestro corazón.

Enredados y conectados: Abrazar la unidad

- ¿Cómo entender el impacto de nuestras mentes en el medio ambiente? Los físicos cuánticos pueden haber encontrado una respuesta: el entrelazamiento. El entrelazamiento cuántico es un fenómeno fascinante y contraintuitivo que Einstein describió como "espeluznante acción a distancia". Se refiere a un estado en el que dos partículas están tan interconectadas que un cambio en una afecta instantáneamente a la otra, independientemente de la distancia que las separe, aunque estén a miles de millones de años luz. Einstein era escéptico sobre la existencia del entrelazamiento porque nada, incluida la información, puede viajar más rápido que la luz. Sin embargo, los científicos han descubierto recientemente que el entrelazamiento no sólo es real, sino que probablemente sea un mecanismo fundamental de nuestro universo.

- Un fascinante artículo publicado en *Nature* explora cómo el entrelazamiento cuántico puede sustentar la existencia misma de nuestro universo. La relación entre geometría y entrelazamiento en la física cuántica ofrece una vía para entender cómo el propio espacio podría estar "entretejido" por este fenómeno. Imaginemos un universo tridimensional, que los físicos denominan "masa", rodeado por una "frontera" bidimensional, similar a la piel de un globo. La idea es que la actividad dentro de la frontera 2D -donde existen e interactúan las partículas cuánticas- genera de algún modo el universo 3D que experimentamos en su interior. Utilizando modelos matemáticos, los físicos descubrieron que, a medida que reducían el entrelazamiento de las partículas en la frontera, el espacio tridimensional interior comenzaba a estirarse y separarse. Si eliminaban todo el entrelazamiento, el espacio se rompía en trozos desconectados, como si se tirara de un chicle hasta que se rompiera[30] . Esto sugiere que el entrelazamiento -la profunda conexión entre partículas, incluso cuando están muy separadas- no es sólo un extraño efecto cuántico. Es potencialmente el "pegamento" que une el espacio-tiempo, haciéndolo suave y continuo. Sin entrelazamiento, el propio espacio podría desmoronarse en fragmentos aislados. Este hallazgo indica que el entrelazamiento es fundamental para la estructura del universo. Incluso podría explicar por qué nuestras acciones y pensamientos pueden influir no sólo en nuestros cuerpos, sino también en el entorno en el que vivimos.

7.5 Mente sobre materia: La ciencia sobre el poder del pensamiento

El agua siente tus pensamientos

- En 2004, el libro del Dr. Masaru Emoto "Los mensajes ocultos del agua" se convirtió en un bestseller del New York Times. En este libro, el Dr. Emoto exponía el agua a diversos estímulos emocionales, como palabras, imágenes o música, y luego examinaba los cristales de hielo resultantes al microscopio. Descubrió que la estructura de los cristales de hielo se veía afectada por las palabras y los sentimientos dirigidos al agua. El agua expuesta a palabras e intenciones positivas, como "gracias" y "te quiero", formaba estructuras cristalinas bellas, complejas y simétricas. En cambio, el agua expuesta a palabras e intenciones negativas, como "te odio" y "quiero matarte", formó estructuras desorganizadas y asimétricas. Emoto también observó que distintas fuentes de agua producían estructuras de hielo diferentes. Por ejemplo, el agua de un arroyo de montaña producía diseños geométricos, mientras que el agua de fuentes contaminadas producía estructuras de hielo distorsionadas. A partir de estas observaciones, Emoto llegó a la conclusión de que nuestros pensamientos y palabras pueden influir significativamente en el agua y el medio ambiente.

- Como era de esperar, el libro cosechó muchos elogios, al tiempo que recibió importantes críticas de muchos científicos por ser tendencioso y poco concluyente. Para comprobar si la intención podía influir en la formación de cristales de agua, el Instituto de Ciencias Noéticas (IONS) de California (EE.UU.) realizó un experimento doble ciego. En este tipo de experimento, ni la persona que prepara el experimento ni la que analiza los resultados saben qué muestras son las tratadas y cuáles son los controles no tratados hasta que el experimento se completa. Los investigadores compraron cuatro botellas de plástico de agua y designaron al azar dos como "tratadas" y dos como "control". Las botellas tratadas se colocaron en una sala blindada electromagnéticamente en la IONS de California, mientras que las botellas de control se almacenaron por separado. Durante una conferencia en Tokio, el Dr. Emoto dirigió a un grupo de 2.000 personas en una oración de cinco minutos dirigida al agua tratada. Al día siguiente, los científicos de la IONS enviaron todas las botellas al laboratorio del Dr. Emoto en Tokio, donde se analizaron 50 gotas de agua de cada botella para comprobar la formación de cristales. Los científicos descubrieron que, efectivamente, el agua tratada producía un número ligeramente superior de cristales estéticamente agradables que el grupo de control, y los cristales tratados se consideraron significativamente más atractivos que los del grupo de control[31] . Los científicos concluyeron que la intención parece tener un impacto mensurable en la formación de cristales de agua.

Influir en sucesos aleatorios con intención humana

- Los experimentos más rigurosos para explorar el efecto de la mente en la realidad física fueron probablemente los realizados por el programa Princeton Engineering Anomalies Research (PEAR). Creado en 1979 por el Decano de Ingeniería, Robert G. Jahn, PEAR formaba parte de la Escuela de Ingeniería y Ciencias Aplicadas de la Universidad de Princeton. El programa dedicó casi tres décadas a investigar cómo podría interactuar la conciencia humana con dispositivos, sistemas y procesos físicos. Desde su creación, PEAR ha publicado más de 50 artículos en los que se analizan tanto los resultados experimentales como las implicaciones filosóficas para la ciencia, la ingeniería y la cultura[32] . El programa también ha desarrollado modelos teóricos para comprender mejor el papel de la conciencia en la configuración de la realidad física.

- Uno de los principales objetivos del programa PEAR era examinar las interacciones hombre-máquina en un contexto de ingeniería. Utilizando un generador microelectrónico de eventos aleatorios (REG) que producía una secuencia alternante aleatoria de impulsos eléctricos positivos y negativos, los investigadores examinaron si las intenciones de los operadores humanos podían afectar a la distribución de eventos positivos o negativos. A lo largo de 12 años, el estudio incluyó a más de 100 operadores humanos, más de 1.000 series experimentales y más de 2 millones de ensayos con cuatro tipos diferentes de dispositivos aleatorios. Curiosamente, los investigadores hallaron correlaciones significativas entre las intenciones de los operadores y las salidas medias de distintos dispositivos binarios aleatorios, lo que indicaba una desviación del azar pequeña (unos 10^{-4} bits por bit procesado) pero significativa y constante (con $p \approx 3,5 \times 10^{-13}$) . [33]

- Los experimentos también pusieron de relieve tres conclusiones principales. En primer lugar, los investigadores hallaron diferencias notables entre los operadores masculinos y femeninos. Aunque unas pocas participantes femeninas obtuvieron las puntuaciones individuales más altas, la correlación general entre la intención y el resultado fue más débil en el caso de las mujeres que en el de los hombres. En segundo lugar, la distancia física entre la persona y la máquina no parecía importar. Tanto si el operario estaba cerca de la máquina como a miles de kilómetros, los efectos eran similares. En tercer lugar, en una serie de experimentos "fuera de tiempo", los operarios se centraron en el funcionamiento de la máquina en momentos distintos a los de la recogida de datos, a veces días antes o después. Sorprendentemente, los investigadores descubrieron que los resultados de estos experimentos "fuera de tiempo" eran muy similares a los recogidos en tiempo real, incluidas las diferencias de género y algunos cambios en los datos[33] . La única vez que los investigadores no observaron un efecto de las intenciones de los operadores fue cuando los experimentos se realizaron utilizando dispositivos cableados o enfoques algorítmicos, métodos conocidos por producir sucesos pseudoaleatorios (aparentemente aleatorios, pero en realidad predeterminados). Esto sugiere que era necesaria una verdadera aleatoriedad para observar los efectos.

7.6 La conciencia después de la muerte: ¿Ciencia o fantasía?

Experiencia cercana a la muerte: ¿Persiste la conciencia más allá de la muerte?

- El Dr. Eben Alexander, neurocirujano altamente cualificado con nombramientos en prestigiosas facultades de medicina como Harvard, Duke, la Universidad de Massachusetts y la Universidad de Virginia, no tenía inclinaciones religiosas previas y creía firmemente que la conciencia era únicamente un producto de la actividad cerebral. Sin embargo, en 2008, el Dr. Alexander contrajo una meningitis bacteriana por una infección de *E. coli*. La infección inflamó gravemente su cerebro y médula espinal, lo que provocó una parada cerebral y puso en peligro su vida. Estuvo siete días en coma inducido y su puntuación en la escala de coma de Glasgow indicaba una ausencia total de consciencia medible.

- Sin embargo, el Dr. Alexander se recuperó notablemente del coma. Afirmó haber experimentado la conciencia fuera de su cuerpo durante este tiempo, encontrándose con lo que describió como un "ser angelical" y comunicándose con una presencia divina. Su experiencia comenzó en un reino oscuro y "primitivo", que describió como de una intensidad "abrasadora". Desde allí, una luz blanca brillante y giratoria le elevó a lo que llamó el "Valle de la Puerta". Este reino parecía un paraíso terrenal, lleno de paisajes exuberantes, flores vibrantes y cascadas. Se encontró con seres angelicales, escuchó poderosos cánticos e himnos y se sintió envuelto en una profunda sensación de amor y tranquilidad. También describió una conexión con una presencia divina superior a la que se refirió como "El Núcleo", que percibía como la fuente de toda existencia. Este ser transmitía una sensación de amor infinito y curación. El viaje concluyó cuando un niño le dijo que tenía que volver a su vida terrenal[34] . La experiencia cercana a la muerte del Dr. Alexander le transformó profundamente, llevándole a creer que la conciencia no es únicamente un producto del cerebro, sino que trasciende la existencia física. Documentó su experiencia en el libro *Proof of Heaven*, publicado en 2012, que se convirtió en un bestseller del New York Times.

- La historia de la Dra. Alexander desencadenó un intenso debate. Aunque fue bien recibida por personas que han tenido experiencias similares cercanas a la muerte, científicos y colegas se mantuvieron muy escépticos. Los críticos sostienen que su cerebro no estaba completamente inactivo y que su experiencia fue simplemente producto de la actividad errática de su cerebro infectado. Sin embargo, las investigaciones del Dr. Sam Parnia indicaron que al menos algunos aspectos de la experiencia cercana a la muerte son difíciles de explicar si se requiere actividad cerebral para la experiencia consciente.

- El Dr. Sam Parnia, médico de cuidados intensivos e investigador de la Facultad de Medicina Langone de la Universidad de Nueva York, está especializado en la ciencia de la reanimación. Él y sus colegas investigaron qué ocurre con la conciencia durante y después de la muerte clínica, centrándose específicamente en los pacientes que sufren una parada cardiaca. En el estudio, realizado en 15 centros médicos de EE.UU. y Europa, participaron más de 2.000 pacientes. Curiosamente, el equipo de Parnia descubrió que hasta el 40% de las personas reanimadas manifestaron cierto grado de consciencia durante la parada cardiaca, un periodo en el que el corazón se detiene, cesa la respiración y el cerebro se apaga, lo que indica la muerte clínica. Algunos relataron experiencias profundas que les cambiaron la vida. En particular, el 2% demostró plena consciencia y pudo describir con precisión los acontecimientos que ocurrieron a su alrededor durante la parada cardiaca[35] . Estos resultados sugieren que la conciencia puede persistir incluso después de la muerte clínica. Las implicaciones son significativas, ya que desafían los puntos de vista actuales sobre la muerte y la naturaleza de la consciencia y sugieren que puede no estar exclusivamente ligada a la actividad cerebral.

La reencarnación: ¿Vivimos más de una vez?

- Otra línea de evidencia de la conciencia después de la muerte podría proceder de la investigación sobre la reencarnación. El Dr. Brian Weiss, autor del libro "Muchas vidas, muchos maestros", describió cómo su paciente "Catherine" fue capaz de recordar sus 86 vidas anteriores durante una terapia de hipnosis; algunos de los detalles (como las fechas y detalles concretos de ciertos acontecimientos históricos) se verificaron. Sin embargo, los críticos sostienen que los recuerdos de vidas pasadas podrían ser historias inventadas que coinciden con hechos reales por casualidad. De hecho, los investigadores llegaron a realizar experimentos y descubrieron que, cuando se pedía a los niños que se inventaran sus historias de vidas pasadas, algunos detalles coincidían casualmente con hechos reales. Entonces, ¿desmiente esto la investigación sobre la reencarnación?

- Los hallazgos del Dr. Ian Stevenson pueden ayudar a aclarar esta cuestión. El Dr. Stevenson, antiguo profesor de psiquiatría de la Universidad de Virginia, documentó más de 3.000 casos de niños que declararon tener recuerdos de vidas pasadas. Además de verificar los detalles de estos sucesos de vidas pasadas mediante entrevistas en persona con individuos relacionados, el Dr. Stevenson se centró en una característica específica de estos niños: las marcas de nacimiento y los defectos congénitos. Por ejemplo, un niño indio que nació con la mano derecha deformada afirmó que en su vida anterior le habían amputado la mano derecha en un accidente con una máquina cortadora. Otro caso se refería a un hombre indio que recordaba haber muerto de un disparo en el pecho en una vida pasada; tenía dolorosas marcas de nacimiento en el pecho que parecían heridas de bala. Estas declaraciones fueron corroboradas de forma independiente por los historiales médicos y el testimonio del médico que le atendió, lo que sugiere una posible relación entre las marcas de nacimiento/defectos congénitos y los traumas de vidas pasadas . [36]

- Aunque convincente, una de las principales críticas que recibió el Dr. Stevenson fue que sus casos procedían principalmente de países como India y Sri Lanka, donde la creencia en la vida después de la muerte está muy extendida. Esto suscitó preocupación por la posible parcialidad y la posibilidad de que las historias fueran inventadas. En respuesta a estas críticas, el Dr. Stevenson amplió su investigación a países occidentales, incluido Estados Unidos. Su alumno, el Dr. Jim Tucker, continuó este trabajo tras el fallecimiento del Dr. Stevenson en 2007. En su libro "La vida antes de la vida", el Dr. Tucker presentó un caso convincente de Estados Unidos.

- John McConnell, abuelo de un niño llamado William, recibió un disparo mortal durante un atraco a una tienda de electrónica en 1992 en Nueva York. Mientras intentaba intervenir, John recibió seis disparos de un atracador escondido tras el mostrador. A pesar de sus heridas, John luchó antes de sucumbir. William, nacido cinco años después, tenía atresia de la válvula pulmonar, un defecto cardíaco que restringía el flujo sanguíneo a sus pulmones. También tenía el ventrículo derecho poco desarrollado. Estos defectos de nacimiento se parecían mucho a las heridas que sufrió su abuelo. Además, William mostró recuerdos detallados de la vida de su abuelo, recordando el apodo de John para un gato, "Boss", y acontecimientos específicos que sólo John habría conocido. William también hablaba de morir y renacer, e incluso corregía a su madre sobre las fechas de la muerte de John y de su propio nacimiento. Su personalidad y sus hábitos reflejaban los de su abuelo, lo que sugiere una profunda conexión entre ellos . [37]

La mente inmortal: Una teoría

- Si todos estos casos son auténticos, ¿cómo podría persistir la conciencia tras la muerte del cerebro? El Dr. Tucker propone que la mecánica cuántica podría ofrecer una explicación teórica. Según la teoría cuántica, la materia sólo existe cuando se observa. Si la conciencia es lo que da existencia al mundo material, podría no depender de la materia, incluido el cerebro. De ser así, la conciencia podría pasar a un nuevo cerebro y continuar en otra vida tras la muerte del cuerpo actual. Este concepto coincide con el de físicos como Max Planck, que creía que el mundo material es producto de la observación consciente.

- Además, el psiquiatra y psicoterapeuta suizo Carl Jung, inspirándose en el antiguo texto "El Bardo Thodol" (también conocido como "El libro tibetano de los muertos"), propuso que la psique humana contiene un "inconsciente colectivo", una reserva compartida de símbolos arquetípicos y experiencias heredadas de nuestros antepasados. Mientras que la conciencia podría cesar con la muerte del cerebro físico, el inconsciente colectivo, según este punto de vista, podría persistir más allá de las limitaciones del espacio y el tiempo, transportando información de vidas pasadas que podría transferirse a nuevos individuos[38] . Si esto es cierto, los pensamientos y comportamientos de la vida actual podrían influir en los de vidas posteriores.

- Aunque muchos científicos consideran que los estudios sobre la conciencia y las vidas pasadas son contraintuitivos y difíciles de aceptar, la investigación de estos misterios sigue avanzando. Antes, los científicos solían evitar estos temas por miedo a dañar su reputación y su carrera. Afortunadamente, los científicos de hoy están cada vez más abiertos a explorar estas áreas, y ahora, más que nunca, es esencial un enfoque global de la investigación que integre la neurociencia, la psicología y la física cuántica. La creciente atención que se presta a la mente y a la investigación de las vidas pasadas promete desvelar respuestas a algunas de las preguntas más profundas sobre el universo y nuestra existencia en él.

Notas

1. Kam-Hansen, S., Jakubowski, M., Kelley, J. M., Kirsch, I., Hoaglin, D. C., Kaptchuk, T. J., & Burstein, R. (2014). Altered placebo and drug labeling changes the outcome of episodic migraine attacks. *Science Translational Medicine*, *6*(218). https://doi.org/10.1126/scitranslmed.3006175

2. Tinnermann, A., Geuter, S., Sprenger, C., Finsterbusch, J., & Büchel, C. (2017). Interactions between brain and spinal cord mediate value effects in nocebo hyperalgesia. *Science*, *358*(6359), 105–108. https://doi.org/10.1126/science.aan1221

3. Langer, E. J. (2009). *Counterclockwise: Mindful health and the power of possibility.* http://ci.nii.ac.jp/ncid/BB12235341

4. Park, C., Pagnini, F., Reece, A., Phillips, D., & Langer, E. (2016). Blood sugar level follows perceived time rather than actual time in people with type 2 diabetes. *Proceedings of the National Academy of Sciences*, *113*(29), 8168–8170. https://doi.org/10.1073/pnas.1603444113

5. Aungle, P., & Langer, E. (2023). Physical healing as a function of perceived time. *Scientific Reports*, *13*(1). https://doi.org/10.1038/s41598-023-50009-3

6. Crum, A. J., & Langer, E. J. (2007). Mind-Set matters. *Psychological Science, 18*(2), 165–171. https://doi.org/10.1111/j.1467-9280.2007.01867.x

7. Zahrt, O. H., Evans, K., Murnane, E., Santoro, E., Baiocchi, M., Landay, J., Delp, S., & Crum, A. (2022). Effects of wearable fitness trackers and activity adequacy mindsets on affect, behavior, and health: longitudinal randomized controlled trial. *Journal of Medical Internet Research*, *25*, e40529. https://doi.org/10.2196/40529

8. Ranganathan, V. K., Siemionow, V., Liu, J. Z., Sahgal, V., & Yue, G. H. (2004). From mental power to muscle power—gaining strength by using the mind. *Neuropsychologia*, *42*(7), 944–956. https://doi.org/10.1016/j.neuropsychologia.2003.11.018

9. Mendoza, D., & Wichman, H. (1978). "Inner" Darts: Effects of mental practice on performance of dart throwing. *Perceptual and Motor Skills, 47*(3_suppl), 1195–1199. https://doi.org/10.2466/pms.1978.47.3f.1195

10. Driskell, J. E., Copper, C., & Moran, A. (1994). Does mental practice enhance performance? *Journal of Applied Psychology, 79*(4), 481–492. https://doi.org/10.1037/0021-9010.79.4.481

11. Toth, A. J., McNeill, E., Hayes, K., Moran, A. P., & Campbell, M. (2020). Does mental practice still enhance performance? A 24 Year follow-up and meta-analytic replication and extension. *Psychology of Sport and Exercise, 48*, 101672. https://doi.org/10.1016/j.psychsport.2020.101672

12. *Books We Love: Meditation Saved My Life | Meditation Wise*. (n.d.). https://www.meditationwise.com/books-we-love-meditation-saved-my-life

13. McGreevey, S. (2019, September 12). Eight weeks to a better brain. *Harvard Gazette.* https://news.harvard.edu/gazette/story/2011/01/eight-weeks-to-a-better-brain/

14. Soon, C. S., Brass, M., Heinze, H., & Haynes, J. (2008). Unconscious determinants of free decisions in the human brain. *Nature Neuroscience, 11*(5), 543–545. https://doi.org/10.1038/nn.2112

15. Creswell, J. D., Bursley, J. K., & Satpute, A. B. (2013). Neural reactivation links unconscious thought to decision-making performance. *Social Cognitive and Affective Neuroscience, 8*(8), 863–869. https://doi.org/10.1093/scan/nst004

16. Sinclair-Gieben, A., & Chalmers, D. (1959). EVALUATION OF TREATMENT OF WARTS BY HYPNOSIS. *The Lancet, 274*(7101), 480–482. https://doi.org/10.1016/s0140-6736(59)90605-1

17. Surman, O. S. (1973). Hypnosis in the treatment of warts. *Archives of General Psychiatry, 28*(3), 439. https://doi.org/10.1001/archpsyc.1973.01750330111018

18. Shenefelt, P. D. (2000). Hypnosis in Dermatology. *Archives of Dermatology, 136*(3). https://doi.org/10.1001/archderm.136.3.393

19. Ewin, D. M. (1992). Hypnotherapy for Warts (Verruca Vulgaris): 41 Consecutive Cases with 33 Cures. *American Journal of Clinical Hypnosis, 35*(1), 1–10. https://doi.org/10.1080/00029157.1992.10402977

20. Weiss, B. (1988). *Many lives, many masters: The true story of a prominent psychiatrist, his young patient, and the past-life therapy that changed both their lives.* Touchstone USA.

21. Henry, R. C. (2005). The mental Universe. *Nature, 436*(7047), 29. https://doi.org/10.1038/436029a

22. Merali, Z. (2015). Quantum physics: What is really real? *Nature, 521*(7552), 278–280. https://doi.org/10.1038/521278a

23. Konvalinka, I., Xygalatas, D., Bulbulia, J., Schjødt, U., Jegindø, E., Wallot, S., Van Orden, G., & Roepstorff, A. (2011). Synchronized arousal between performers and related spectators in a fire-walking ritual. *Proceedings of the National Academy of Sciences, 108*(20), 8514–8519. https://doi.org/10.1073/pnas.1016955108

24. Feldman, R., Magori-Cohen, R., Galili, G., Singer, M., & Louzoun, Y. (2011). Mother and infant coordinate heart rhythms through episodes of interaction synchrony. *Infant Behavior and Development, 34*(4), 569–577. https://doi.org/10.1016/j.infbeh.2011.06.008

25. *Lovers' hearts beat in sync, UC Davis study says.* (2016, January 24). UC Davis. https://www.ucdavis.edu/news/lovers-hearts-beat-sync-uc-davis-study-says

26. University of Colorado at Boulder. (2017, June 21). When lovers touch, their breathing, heartbeat syncs, pain wanes, study shows. *ScienceDaily*. www.sciencedaily.com/releases/2017/06/170621125313.htm

27. Hatchard, G. D., Deans, A. J., Cavanaugh, K. L., & Orme-Johnson, D. W. (1996). The maharishi effect: A model for social improvement. Time series analysis of a phase transition to reduced crime in merseyside metropolitan area. *Psychology Crime and Law*, *2*(3), 165–174. https://doi.org/10.1080/10683169608409775

28. Hagelin, J.S., Rainforth, M.V., Cavanaugh, K.L.C. et al. (1999). Effects of Group Practice of the Transcendental Meditation Program on Preventing Violent Crime in Washington, D.C.: Results of the National Demonstration Project, June-July 1993. *Social Indicators Research 47*, 153–201. https://doi.org/10.1023/A:1006978911496

29. Orme-Johnson, D. W., Cavanaugh, K. L., Dillbeck, M. C., & Goodman, R. S. (2022). Field-Effects of Consciousness: A Seventeen-Year study of the effects of group practice of the Transcendental Meditation and TM-Sidhi programs on reducing national stress in the United States. *World Journal of Social Science*, *9*(2), 1. https://doi.org/10.5430/wjss.v9n2p1

30. Cowen, R. (2015). The quantum source of space-time. *Nature*, *527*(7578), 290–293. https://doi.org/10.1038/527290a

31. *Science of Water – Office Masaru Emoto*. (n.d.). https://masaru-emoto.net/en/science-of-messages-from-water/

32. *Princeton Engineering Anomalies Research*. (n.d.). https://pearlab.icrl.org/index.html

33. Jahn, R. G., Jr., Dunne, B. J., Nelson, R. D., Dobyns, Y. H., Bradish, G. J., Princeton Engineering Anomalies Research (PEAR), & School of Engineering and Applied Science, Princeton University. (1997). Correlations of Random Binary Sequences with Pre-Stated Operator Intention: A Review of a 12-Year Program. *Journal of Scientific Exploration*, *11–11*(3), 345–367. https://pearlab.icrl.org/pdfs/1997-correlations-random-binary-sequences-12-year-review.pdf

34. *To do no harm | Magazine | The Harvard Crimson*. (n.d.). https://www.thecrimson.com/article/2020/2/20/eben-alexander-profile/

35. CBS News. (2017, October 20). *Researchers say there's evidence that consciousness continues after clinical death* [Video]. YouTube. https://www.youtube.com/watch?v=WnoIf2NwaRY

36. Stevenson, I. (1997). *Reincarnation and Biology: A contribution to the etiology of birthmarks and birth defects*. Praeger

37. Tucker, J. B. (2005). *Life before life: A scientific investigation of children's memories of previous lives.* St Martin's Press.

38. The SAP (Society of Analytical Psychology). (2023, November 30). Carl Jung | Biography, Archetypes & Beliefs | The SAP. *The Society of Analytical Psychology*. https://www.thesap.org.uk/articles-on-jungian-psychology-2/carl-gustav-jung/

Chapter 8

Observaciones finales

Aquí termina el libro. A lo largo de estas páginas hemos explorado las maravillas y los misterios de la naturaleza, el universo, el cerebro y la mente. Espero que hayas disfrutado del viaje y te hayas sorprendido tanto como yo.

Cuando era niño, me cautivaban los misterios de la naturaleza y de la mente humana. No podía evitar preguntarme "por qué": ¿Por qué centellean las estrellas en el cielo nocturno? ¿Por qué sale el sol por el este? ¿Por qué soy *yo* y no otra persona? Durante años perseguí estas preguntas, estudiando las enfermedades neuronales y la regeneración neuronal en un instituto de renombre mundial de Boston, bajo la tutela de un Premio Nobel. Esperaba dirigir algún día mi propio laboratorio de investigación en busca de respuestas a estos profundos misterios. Sin embargo, descubrí que la ciencia convencional -especialmente en el campo de la biociencia- suele desestimar el papel de la mente humana en la configuración de la realidad física. En una época en la que el éxito profesional depende del número de publicaciones y de los factores de impacto, a menudo se ignoran u olvidan las verdaderas preguntas, aquellas a las que merece la pena dedicar toda una vida. Conseguir un puesto de trabajo, obtener subvenciones y atraer a estudiantes con talento se ha convertido más en una cuestión de métricas que de curiosidad. Por eso decidí escribir este libro. No porque ya tengamos todas las respuestas, sino porque ha llegado el momento de volver a centrarnos en las preguntas fundamentales: *¿Quiénes somos? ¿Qué es la mente?* Estos son los misterios que merecen nuestra atención, y espero que este libro inspire una curiosidad renovada y una apertura a la exploración de lo desconocido.

Al principio no creía en la espiritualidad. Como neurocientífico bien formado, antes creía firmemente que la conciencia no era más que un subproducto del cerebro material y que todos los secretos de la vida estaban codificados en nuestros genes. Pensaba que comprender la función de cada gen y su interacción bastaría para desvelar los misterios de la vida, incluido el funcionamiento de la mente. Pero un incidente cambió mi perspectiva.

En 2011, a mi madre le diagnosticaron artritis reumatoide (AR), una enfermedad autoinmune en la que el sistema inmunitario del organismo se vuelve hiperactivo y empieza a atacar sus propios tejidos, en particular las articulaciones. La AR es increíblemente dolorosa. En un momento dado, se le hincharon tanto las articulaciones de los dedos que no podía realizar actividades cotidianas como limpiar y cocinar. Durante varios meses, una vecina tuvo que venir a cuidar de ella. Sin embargo, cuando la visité seis meses después, parecía totalmente recuperada y las articulaciones de sus dedos no parecían diferentes de las mías. Me sorprendió porque sabía que la AR no tiene cura: el tratamiento más conocido consiste en suprimir la hiperactividad del sistema inmunitario y reducir la inflamación con inmunosupresores. Curiosa, le pregunté qué medicamento "mágico" había tomado. Para mi sorpresa, respondió simplemente: "meditación". Luego me miró y me dijo: "Si quieres mejorar la vida de la gente, tienes que aprender más sobre la mente".

Ese momento fue un punto de inflexión en mi vida. Mi madre es budista y recuerdo cómo rezaba a Buda cada vez que nos enfrentábamos a dificultades cuando yo era muy joven. Tras divorciarse de mi padre, trabajó sin descanso para ganar el dinero suficiente para criarnos a mi hermano gemelo y a mí. Con un sueldo mensual de menos de 100 dólares cuando yo era niño, a menudo nos enfrentábamos a crisis financieras. Pero conseguimos superar los tiempos difíciles, quizá gracias a sus incesantes oraciones. A diferencia de mi madre, yo no sentía apego por ninguna religión en particular. Tampoco me oponía a ella; veía la religión como una forma de consuelo en los momentos bajos de la vida. Pero después de presenciar su mágica recuperación de la AR, por primera vez sentí verdadera curiosidad por el poder de la mente humana. ¿Era real el efecto? ¿Hasta qué punto podía influir nuestra mente en nuestro cuerpo? ¿Cuál era el mecanismo detrás de esto? Si la meditación podía curar una enfermedad "incurable" como la AR, ¿qué otras afecciones podría ser capaz de tratar el poder de la mente? Sin dudarlo, comencé un viaje de investigación y lectura exhaustivas. Este libro es la culminación de años de exploración y estudio y, en mi opinión, ha sido mucho más satisfactorio que completar mi tesis doctoral.

El viaje ha sido gratificante, pero también ha estado lleno de desafíos. Las dificultades no han venido del aprendizaje en sí, sino de algunos amigos y colegas que creen que he tomado un camino científico equivocado, tachando de pseudociencia los resultados de la investigación que he compartido. Sin embargo, cuando profundizábamos en los detalles de los experimentos, a menudo sus críticas perdían fundamento y tenían que reconocer que estaba ocurriendo algo intrigante. Como científicos de formación convencional, estamos sometidos a una presión constante para conseguir financiación y publicar artículos de investigación, lo que nos acostumbra a permanecer en nuestra zona de confort y a centrarnos en una única y estrecha cuestión a la vez. Mi mentor siempre me decía que fuera "específico" en mis preguntas de investigación. Aunque este planteamiento ha contribuido sin duda al desarrollo de la medicina moderna y al acervo actual de conocimientos, es poco probable que resulte eficaz para curar enfermedades complejas. Esto se debe a que, aparte de unos pocos casos en los que una enfermedad está causada por la mutación de un único gen, en el desarrollo y la progresión de enfermedades complejas (como el Alzheimer) intervienen cientos, si no miles, de genes. Cuando seguimos buscando genes individuales responsables de todo el espectro de síntomas de la enfermedad -un enfoque reduccionista- perdemos de vista el panorama general. Los numerosos fracasos en el desarrollo de fármacos contra el Alzheimer, con sólo dos de cada 100 (2%) ensayos clínicos de fase II y III desde 2003 que han mostrado alguna mejora, ponen de relieve la necesidad de reflexionar sobre nuestra metodología[1] . Encontrar el "interruptor" que gobierna el comportamiento de todos estos genes es crucial, y creo que esa clave puede estar en nuestra mente. La recuperación de mi madre de la AR y la curación milagrosa de la pierna de Phakyab Rinpoche, evitando la amputación, son ejemplos convincentes de esta posibilidad.

Al mismo tiempo, el apoyo de algunos de mis jóvenes colegas científicos ha sido alentador. Se sienten realmente inspirados por la investigación sobre el cerebro y la mente, y creen que la terapia basada en la mente será una parte fundamental de la medicina del futuro. Estos jóvenes científicos comparten ciertas cualidades: son apasionados por lo desconocido, de mente abierta, poseen amplios intereses y están profundamente implicados en las cuestiones fundamentales de la naturaleza y el universo. Representan la esperanza de nuestro futuro. Combinando el rigor de la ciencia tradicional con un enfoque abierto de los fenómenos inusuales, tenemos una oportunidad real de avanzar en nuestra comprensión y desarrollar un profundo conocimiento y respeto por el universo que habitamos.

De hecho, cada vez más médicos reconocen la importancia de la mente en el tratamiento y la recuperación de enfermedades. La meditación de atención plena se ha convertido en una terapia estándar en grandes hospitales como el Hospital General de Massachusetts, Stanford Health Care y NewYork-Presbyterian. Empresas líderes como Google y Meta también dedican recursos a fomentar la práctica de la meditación entre sus empleados. Sin embargo, no podemos detenernos aquí, contentándonos con la idea de que la meditación simplemente nos hace más felices. Necesitamos profundizar en la comprensión de la íntima conexión entre la mente, el cuerpo y el universo. En una sociedad cada vez más materialista, en la que el mundo se enfrenta a niveles crecientes de delincuencia, guerras, hambrunas y desastres naturales, debemos preguntarnos qué podemos hacer para abordar estos problemas. ¿Qué legado dejaremos a la próxima generación? La respuesta, una vez más, podría estar en el poder de la mente humana.

Por último, no debemos olvidar la sabiduría ancestral de nuestros antepasados. Tanto si procede de Oriente como de Occidente, esta sabiduría ha resistido la prueba del tiempo, brillando a través de miles de años de historia humana. Recuerdo que cuando empecé a practicar la meditación, mi maestro me dijo: "Tienes que abrir tu corazón y preocuparte por otros seres sensibles más que por ti mismo. El apego a uno mismo es la raíz de todo sufrimiento, y ayudar a otros seres es la fuente de toda felicidad". Cuando le pregunté por qué, me explicó: "Porque todo es una proyección de tu mente, y todo lo que te rodea está interconectado. Amar y ayudar a los demás es, en esencia, amarte y ayudarte a ti mismo". Al principio, me costó entender sus palabras. Pero ahora, tras años de aprendizaje, veo que los científicos están llegando poco a poco a conclusiones similares. ¿Es una coincidencia? Tal vez, o tal vez no. A primera vista, la ciencia y la religión pueden parecer muy diferentes, incluso contradictorias, pero en última instancia, son caminos diferentes que conducen a la misma verdad. Puede haber innumerables formas de buscar la comprensión, pero la verdad subyacente permanece constante. Como dijo una vez Max Planck: "Toda la materia se origina y existe sólo en virtud de una fuerza que hace vibrar la partícula de un átomo y mantiene unido este minúsculo sistema solar del átomo. Debemos suponer detrás de esta fuerza la existencia de una mente consciente e inteligente. Esta mente es la matriz de toda la materia".

Purifiquemos nuestras mentes y hagamos que sucedan todas las cosas bellas.

P.D. A continuación, he incluido algunos poderosos mantras que me enseñó mi maestro. Estos mantras pueden ayudar a calmar la mente, disipar la negatividad, mejorar la salud e incluso atraer la prosperidad. Deben utilizarse con buenas intenciones -para poder ayudar mejor a los demás- para maximizar su poder. Mi maestro me enseñó que rezar con un enfoque limitado es aceptable, aunque en la mayoría de los casos es poco probable que obtengas más de lo que te permite tu karma de vidas pasadas. Espero que estas enseñanzas te resulten tan beneficiosas como a mí.

Mani Mantra: *Om Mani Padme Hung*

Este mantra sirve para superar obstáculos, mala fortuna, enfermedades y desastres. En última instancia, nos guía hacia la liberación del sufrimiento y la consecución de la iluminación.

Mantra de Tara: *Om Tare Tuttare Ture Soha*

Este mantra sirve para eliminar obstáculos, fomentar el desarrollo profesional y mejorar las relaciones con la familia, los compañeros y los amigos. Al igual que el Mani Mantra, también conduce a la liberación del sufrimiento y a la iluminación.

Manjushri Mantra: *Om Ah Ra Pa Tsa Na Dhi*

Este mantra sirve para mejorar el conocimiento, dominar los niveles más elevados de las enseñanzas, mejorar la expresividad y la memoria y alcanzar la sabiduría suprema.

Que todos los seres se beneficien.

Nota

1. Kim, C. K., Lee, Y. R., Ong, L., Gold, M., Kalali, A., & Sarkar, J. (2022). Alzheimer's Disease: Key Insights from Two Decades of Clinical Trial Failures. *Journal of Alzheimer's Disease*, *87*(1), 83–100. https://doi.org/10.3233/jad-215699

Chapter 9

Mantente conectado

Manténgase curioso e informado

Gracias por explorar las maravillas de este libro. ¿Desea continuar la aventura? Suscríbase a mi boletín quincenal gratuito para conocer los últimos avances y fascinantes descubrimientos de la ciencia y otros campos. Simplemente escanee el código QR para suscribirse y no se pierda ninguna innovación inspiradora.

Escanear para suscribirse

Su opinión es importante

Si ha disfrutado con este libro, le estaría increíblemente agradecida si dedicara un momento a dejar una reseña positiva. Tus pensamientos me inspiran y ayudan a otros a descubrir esta obra. Escanee el código QR o utilice el enlace para compartir su experiencia. Gracias por su apoyo, ¡significa mucho para mí!

Made in the USA
Monee, IL
09 November 2026

68084776R10091